Zur Einführung.

Die **Werkstattbücher** behandeln das Gesamtgebiet der Werkstattstechnik in kurzen selbständigen Einzeldarstellungen; anerkannte Fachleute und tüchtige Praktiker bieten hier das Beste aus ihrem Arbeitsfeld, um ihre Fachgenossen schnell und gründlich in die Betriebspraxis einzuführen.

Die Werkstattbücher stehen wissenschaftlich und betriebstechnisch auf der Höhe, sind dabei aber im besten Sinne gemeinverständlich, so daß alle im Betrieb und auch im Büro Tätigen, vom vorwärtsstrebenden Facharbeiter bis zum leitenden Ingenieur, Nutzen aus ihnen ziehen können.

Indem die Sammlung so den einzelnen zu fördern sucht, wird sie dem Betrieb als Ganzem nutzen und damit auch der deutschen technischen Arbeit im Wettbewerb der Völker.

Bisher sind erschienen:

Heft 1: **Gewindeschneiden.** Zweite, vermehrte und verbesserte Auflage. Von Oberingenieur O. M. Müller.

Heft 2: **Meßtechnik.** Dritte, verbesserte Auflage. (15.—21. Tausend.) Von Professor Dr. techn. M. Kurrein.

Heft 3: **Das Anreißen in Maschinenbauwerkstätten.** Zweite, völlig neubearbeitete Auflage. (13.—18. Tausend.) Von Ing. Fr. Klautke.

Heft 4: **Wechselräderberechnung für Drehbänke.** (7.—12. Tausend.) Von Betriebsdirektor G. Knappe.

Heft 5: **Das Schleifen der Metalle.** Zweite, verbesserte Auflage. Von Dr.-Ing. B. Buxbaum.

Heft 6: **Teilkopfarbeiten.** (7.—12. Tausend.) Von Dr.-Ing. W. Pockrandt.

Heft 7: **Härten und Vergüten.** 1. Teil: Stahl und sein Verhalten. Dritte, verbess. u. vermehrte Aufl. (18.—24. Tsd.) Von Dr.-Ing. Eugen Simon.

Heft 8: **Härten und Vergüten.** 2. Teil: Praxis der Warmbehandlung. Dritte, verbess. u. vermehrte Aufl. (18.—24. Tsd.) Von Dr.-Ing. Eugen Simon.

Heft 9: **Rezepte für die Werkstatt.** 3. verbess. Aufl. (17.-22. Tsd.) Von Dr. Fritz Spitzer.

Heft 10: **Kupolofenbetrieb.** 2. verbess. Aufl. Von Gießereidirektor C. Irresberger.

Heft 11: **Freiformschmiede.** 1. Teil: Grundlagen, Werkstoff der Schmiede. — Technologie des Schmiedens. 2. Aufl. Von F. W. Duesing und A. Stodt.

Heft 12: **Freiformschmiede.** 2. Teil: Schmiedebeispiele. 2. Aufl. Von B. Preuß und A. Stodt.

Heft 13: **Die neueren Schweißverfahren.** Dritte, verbesserte u. vermehrte Auflage. Von Prof. Dr.-Ing. P. Schimpke.

Heft 14: **Modelltischlerei.** 1. Teil: Allgemeines. Einfachere Modelle. Von R. Löwer.

Heft 15: **Bohren.** Von Ing. J. Dinnebier und Dr.-Ing. H. J. Stoewer. 2. Aufl. (8.—14. Tausend).

Heft 16: **Reiben und Senken.** Von Ing. J. Dinnebier.

Heft 17: **Modelltischlerei.** 2. Teil: Beispiele von Modellen und Schablonen zum Formen. Von R. Löwer.

Heft 18: **Technische Winkelmessungen.** Von Prof. Dr. G. Berndt. Zweite, verbesserte Aufl. (5.—9. Tausend.)

Heft 19: **Das Gußeisen.** Von Ing. Joh. Mehrtens.

Heft 20: **Festigkeit und Formänderung.** I. Die einfachen Fälle der Festigkeit. Von Dr.-Ing. Kurt Lachmann.

Heft 21: **Einrichten von Automaten.** 1. Teil: Die Systeme Spencer und Brown & Charpe. Von Ing. Karl Sachse.

Heft 22: **Die Fräser.** Von Ing. Paul Zieting.

Heft 23: **Einrichten von Automaten.** 2. Teil: Die Automaten System Gridley (Einspindel) u. Cleveland u. die Offenbacher Automaten. Von Ph. Kelle, E. Gothe, A. Kreil.

Heft 24: **Stahl- und Temperguß.** Von Prof. Dr. techn. Erdmann Kothny.

Heft 25: **Die Ziehtechnik in der Blechbearbeitung.** Von Dr.-Ing. Walter Sellin.

Heft 26: **Räumen.** Von Ing. Leonhard Knoll.

Heft 27: **Einrichten von Automaten.** 3. Teil: Die Mehrspindel-Automaten. Von E. Gothe, Ph. Kelle, A. Kreil.

Heft 28: **Das Löten.** Von Dr. W. Burstyn.

Heft 29: **Kugel- und Rollenlager (Wälzlager).** Von Hans Behr.

Heft 30: **Gesunder Guß.** Von Prof. Dr. techn. Erdmann Kothny.

Heft 31: **Gesenkschmiede.** 1. Teil: Arbeitsweise und Konstruktion der Gesenke. Von Ph. Schweißguth.

Heft 32: **Die Brennstoffe.** Von Prof. Dr. techn. Erdmann Kothny.

Heft 33: **Der Vorrichtungsbau.** I: Einteilung, Einzelheiten u. konstruktive Grundsätze. Von Fritz Grünhagen.

Heft 34: **Werkstoffprüfung (Metalle).** Von Prof. Dr.-Ing. P. Riebensahm und Dr.-Ing. L. Traeger.

Fortsetzung des Verzeichnisses der bisher erschienenen sowie Aufstellung der in Vorbereitung befindlichen Hefte siehe 3. Umschlagseite.

Jedes Heft 48—64 Seiten stark, mit zahlreichen Textabbildungen.

WERKSTATTBÜCHER

FÜR BETRIEBSBEAMTE, KONSTRUKTEURE UND FACH-
ARBEITER. HERAUSGEBER DR.-ING. EUGEN SIMON VDI

HEFT 55

Die Getriebe der Werkzeugmaschinen

Erster Teil
Aufbau der Getriebe für Drehbewegungen

Von

Dipl.-Ing. Hans Rögnitz
Studienrat an der Beuth-Schule, Berlin

Mit 150 Abbildungen und
3 Tabellen im Text

Berlin
Verlag von Julius Springer
1936

Inhaltsverzeichnis.

ISBN 978-3-7091-9766-0   ISBN 978-3-7091-5027-6 (eBook)
DOI 10.1007/978-3-7091-5027-6

Vorwort.

Die „Getriebe der Werkzeugmaschinen" erscheinen in drei in sich abgeschlossenen Teilen. Das erste hier vorliegende Heft behandelt den Aufbau der Getriebe für gleichmäßige Drehbewegungen im Antrieb und Abtrieb; das zweite Heft wird den Aufbau der Getriebe für die übrigen Bewegungen, wie geradlinige Bewegungen, Schaltungen usf., bringen. Während diese beiden Hefte nur vom getrieblichen Aufbau sprechen, also von den Bewegungen und Geschwindigkeiten, wird in dem letzten Heft die Anordnung, die Ausführung und die Bestimmung der Abmessungen der Getriebe gezeigt und an vielen Beispielen durchgerechnet.

I. Einleitung.

Die Richtung der Drehbewegung wird gekennzeichnet durch den Drehsinn: die Drehung im Sinne des Uhrzeigers wird als positiv, also mit $+$ bezeichnet, die entgegengesetzte als negativ, also mit $-$.

Die Größe der Drehbewegung wird durch die Zahl der Umdrehungen in einer Minute angegeben; die Drehzahl n besitzt daher die Einheit Umdrehungen je Minute oder mit den genormten Kurzzeichen U/min. Ist d_1 der Durchmesser in mm einer Scheibe 1, die sich mit n_1 U/min dreht, so wird die Umfangsgeschwindigkeit dieser Scheibe

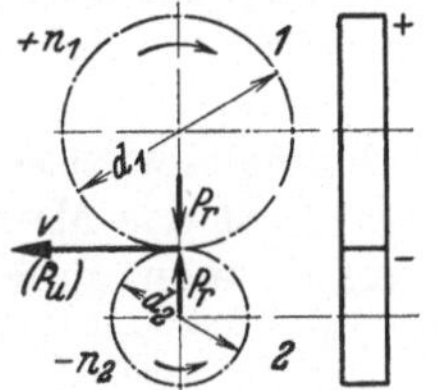

$$v_1 = \frac{d_1 \cdot \pi \cdot n_1}{1000} \text{ m/min} = \frac{d_1 \cdot \pi \cdot n_1}{1000 \cdot 60} \text{ m/s}. \qquad (1)$$

Werden nun zwei Scheiben 1 und 2 (Abb. 1) mit den Durchmessern d_1 und d_2 aneinandergepreßt, wobei die Drehbewegung der treibenden Scheibe 1 ohne Verlust auf die Scheibe 2 übertragen werde, so müssen an der Berührungsstelle die Um-

Abb. 1. Reibscheibe 1 treibt Scheibe 2.

fangsgeschwindigkeiten gleich groß sein, also $v_1 = v_2 = \dfrac{d_1 \cdot \pi \cdot n_1}{1000} = \dfrac{d_2 \cdot \pi \cdot n_2}{1000}$; $d_1 \cdot n_1 = d_2 \cdot n_2$ und nach Umformung:

$$u = \frac{d_1}{d_2} = \frac{n_2}{n_1} \text{ oder bei Berücksichtigung des Drehsinnes: } u = \frac{d_1}{d_2} = \frac{(-n_2)}{n_1}. \quad (2)$$

Man bezeichnet diesen Bruch als „Übersetzung u" und versteht darunter das **Verhältnis des treibenden Durchmessers zum getriebenen Durchmesser** oder das **Verhältnis der Abtriebsdrehzahl zur Antriebsdrehzahl.**

Ein anderes Maß für die Drehbewegung ist die **Winkelgeschwindigkeit** ω. Sie bedeutet den in der Zeiteinheit durchlaufenen Winkel (gemessen im Bogenmaß auf dem Kreise mit dem Halbmesser 1). Die Winkelgeschwindigkeit ω ist also — wie die Drehzahl — ein reines Zeitmaß, allerdings meist mit der Einheit $1/s$. Die Umfangsgeschwindigkeit einer Scheibe mit dem Halbmesser r (in mm) bzw. dem Durchmesser d wird dann:

$$v = \frac{r \cdot \omega}{1000} = \frac{d \cdot \omega}{2000} \text{ m/s}. \qquad (3)$$

Durch Gleichsetzen mit (1) erhält man: $\dfrac{d \cdot \omega}{2000} = \dfrac{d \cdot \pi \cdot n}{1000 \cdot 60}$.

$$\omega = \frac{\pi \cdot n}{30} \; s^{-1} \text{ oder } n = \frac{30\,\omega}{\pi} \text{ U/min}. \qquad (4)$$

Die Übersetzung wird demnach auch $\quad u = \dfrac{\omega_2}{\omega_1}$. $\hfill (5)$

Schließlich wird die Zeit für eine Umdrehung:

$$T = \frac{1}{n}\ \text{min}\quad \text{bzw.}\quad \frac{60}{n}\ \text{s}\quad \text{oder}\quad \frac{\pi}{30\cdot\omega}\ \text{min}\quad \text{bzw.}\quad \frac{2\pi}{\omega}\ \text{s}. \tag{6}$$

1. Beispiel. Eine Scheibe mit $d = 400$ mm macht $n = 300$ U/min. Wie groß ist die Winkel- und Umfangsgeschwindigkeit und die Umlaufzeit?

Lösung: Nach (4) wird $\omega = \dfrac{\pi\cdot 300}{30} = 31{,}4\,s^{-1}$; nach (1) $\quad v = \dfrac{400\cdot\pi\cdot 300}{1000\cdot 60} = 6{,}28$ m/s

oder nach (3) $\quad v = \dfrac{400}{2000}\cdot 31{,}4 = 6{,}28$ m/s $\quad$ und nach (6) $\quad T = \dfrac{60}{300} = 0{,}2$ s.

Mit den Getrieben werden Leistungen übertragen, die in PS oder kW gemessen werden. Ist N_1 die Leistung im Antrieb, N_2 die Leistung im Abtrieb, so wird

$$N_2 = \eta \cdot N_1. \tag{7}$$

η ist der Wirkungsgrad des Getriebes, eine Zahl kleiner als 1, da ein Teil der hineingeleiteten Leistung durch Reibung im Getriebe verloren geht. Leistung ist Kraft mal Geschwindigkeit, also (v in m/s)

$$N_{PS} = \frac{P\cdot v}{75}\quad \text{oder}\quad N_{kW} = \frac{P\cdot v}{102}. \tag{8}$$

Demnach wird also auch $P\cdot d_1\cdot\pi\cdot n_1 = P\cdot d_2\cdot\pi\cdot n_2$ oder $P\cdot 2r_1\cdot\pi\cdot n_1 = P\cdot 2r_2\cdot\pi\cdot n_2$. $P\cdot r$ ist das Moment M (Kraft mal Hebelarm). Setzt man diesen Wert ein, so erhält man ohne Berücksichtigung der Verluste: $M_1\cdot n_1 = M_2\cdot n_2$

$$u = \frac{M_1}{M_2} = \frac{n_2}{n_1}. \tag{9}$$

Die Übersetzung u ist also auch das Verhältnis des treibenden zum getriebenen Moment. Das Moment soll im folgenden stets die Einheit cm·kg haben. Aus einer gegebenen Leistung N errechnet sich das Moment nach (8) zu:

$$M = 71\,620\cdot\frac{N}{n}\ (N \text{ in PS})\quad \text{oder}\quad M = 97\,400\,\frac{N}{n}\ (N \text{ in kW}). \tag{10}$$

Die Gleichungen (10) sind für die Berechnung der Getriebe von besonderer Bedeutung. Sie zeigen, daß gleiche Leistung durch eine größere Drehzahl und ein kleineres Moment oder auch umgekehrt erreicht werden kann. Beträgt z. B. bei einer Scheibe mit $d = 400$ mm die zu übertragende Leistung 4 PS, so zeigt Abb. 2 die gegenseitige Abhängigkeit von Moment und Drehzahl. Da der Durchmesser der Scheibe unveränderlich ist, wächst die Umfangskraft P — Riemenkraft, Zahndruck — in dem gleichen Maße wie das Moment. Aus Abb. 2 folgt demnach für den Entwurf der Getriebe, daß die Drehzahl so hoch wie möglich zu halten ist, um zu kleinen Abmessungen und leichten Ausführungen zu gelangen.

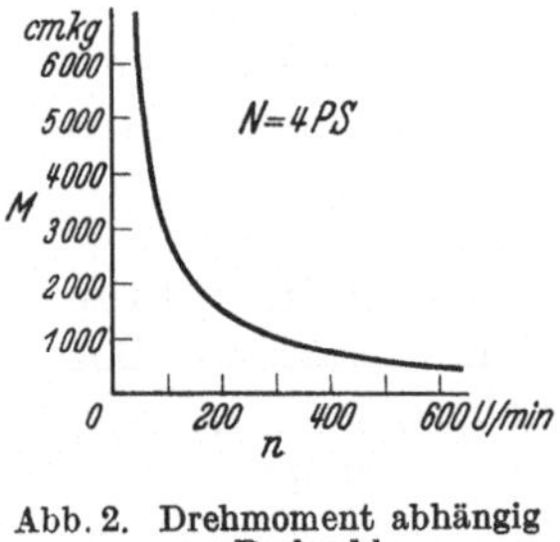

Abb. 2. Drehmoment abhängig von Drehzahl.

II. Getriebe mit einer Enddrehzahl.

A. Zugmitteltriebe.

Zugmitteltriebe übertragen die Drehbewegung durch Reibung (Riemen, Keilriemen), durch Zahneingriff (Ketten) oder durch eine starre Verbindung (Koppel). Bei diesen Trieben bleibt der Drehsinn unverändert.

1. Riementriebe. Anordnung. Für die Übersetzung gilt bei einfachen Riementrieben entsprechend Gleichung (2) $u = \dfrac{d_1}{d_2} = \dfrac{n_2}{n_1}$, wobei u bis $1 : 5$ sein kann. Soll der Drehsinn geändert werden, muß der Riemen gekreuzt aufgelegt werden. Häufig werden die Maschinen über ein Deckenvorgelege angetrieben: zweifacher Trieb (Abb. 3). Für die Wellen I und II gilt dann: $n_2 = \dfrac{d_1}{d_2} \cdot n_1$. Für die Wellen II und III entsprechend: $n_4 = \dfrac{d_3}{d_4} n_3$, worin $n_3 = n_2$. Durch Einsetzen erhält man:

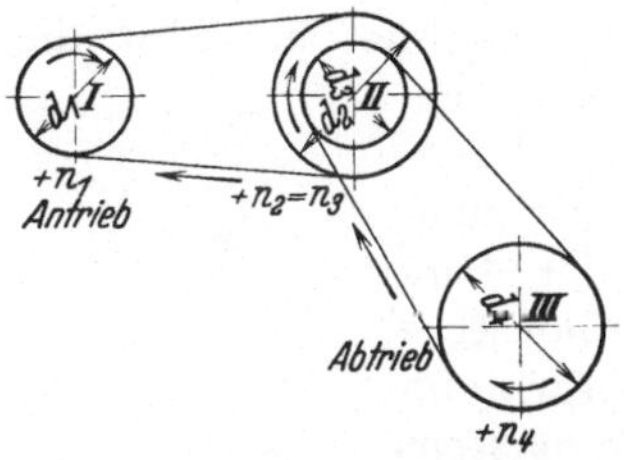

$$n_4 = \frac{d_1}{d_2} \cdot \frac{d_3}{d_4} n_1. \tag{11}$$

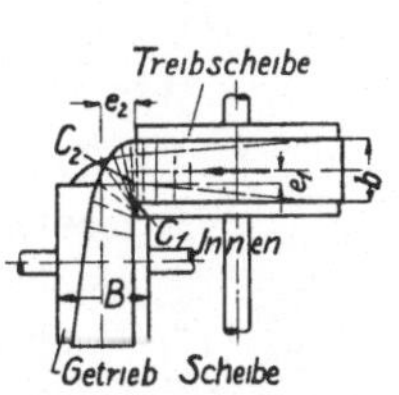
Abb. 4. Halbgeschränkter Riementrieb.

Riementriebe werden auch eingebaut, wenn die Wellen nicht gleichachsig laufen. Kreuzen sich die Wellen unter 90°, so erhält man einen „halbgeschränkten" Trieb (Abb. 4), bei dem $e_1 = 0,1 \ldots 0,2\,b$ und $e_2 = 0,5 \ldots 0,6\,b$ ausgeführt werden muß. Die Scheiben sollen hierbei zylindrisch sein und die Scheibenbreiten b_s reichlich, etwa $1,4\,b + 1$ cm. Mit Hilfe von Leitrollen werden Antriebe nach Abb. 5 ausgeführt.

Abb. 3. Zweifacher Riementrieb

Für offene Triebe gilt: das ziehende „Trum" liegt unten; die getriebene Scheibe ist ballig, die treibende zylindrisch; senkrecht übereinanderliegende Scheiben sind zu vermeiden.

Den Achsabstand A eines Triebes mit der großen Scheibe d_g und dem Durchmesser der kleinen Scheibe d_k führe man bei offenen Trieben mindestens mit $A_{min} \geq 10\,\sqrt{b \cdot d_g} \geq 4\,d_g$ aus, so daß der Umschlingungswinkel bei der kleineren Scheibe möglichst groß wird — nicht unter 120°. Bei gekreuzten Riemen soll $A_{min} \geq 20 \cdot b$ sein.

Die Riemenlänge L errechnet sich bei offenen Trieben zu

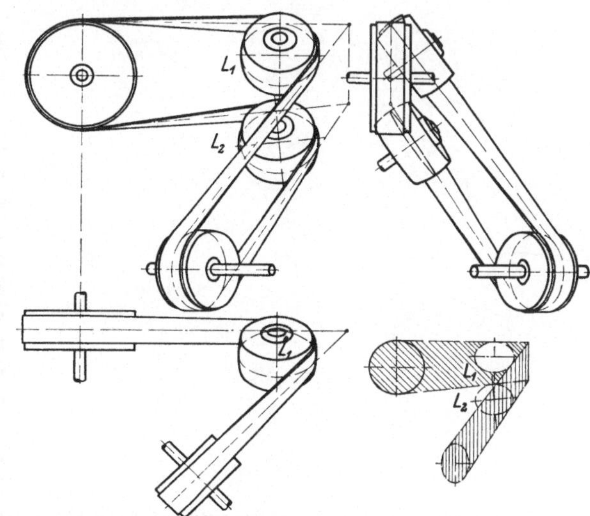
Abb. 5. Riementrieb mit Leitrollen.

$$L = 2A + \pi \left(\frac{d_g + d_k}{2}\right) + \frac{\left(\frac{d_g - d_k}{2}\right)^2}{A} \tag{12}$$

und bei gekreuzten Trieben zu

$$L = 2A + \pi \left(\frac{d_g + d_k}{2}\right) + \frac{\left(\frac{d_g + d_k}{2}\right)^2}{A}. \tag{13}$$

Der Gesamtwirkungsgrad einer Triebwerksgruppe — also Riemen- und Lagerverluste — beträgt im Mittel $0,9 \ldots 0,95$. Geschwindigkeitsverluste durch Dehnungs- und Gleitschlupf etwa $0,5 \ldots 1,5\%$, bei genügender Vorspannung.

Spannrollen (Abb. 6) werden angeordnet, wenn der Umschlingungswinkel oder Achsabstand zu gering wird. Sie liegen am losen Trum, sorgen für gleichmäßige Vorspannung und gleichen die Riemenlängung aus. Man wähle die Spannrollendurchmesser möglichst groß und lege die zylindrische Spannrolle nicht zu nahe an die Riemenscheiben. Abstand $a_1 \geqq \dfrac{d_k + d_s}{2}$, bei geringerem Abstand $a_1 \approx a_2$. Zur Bestimmung der Riemenlänge, der Winkel usf. ist es am einfachsten, den Riementrieb mit Spannrolle maßstäblich aufzuzeichnen.

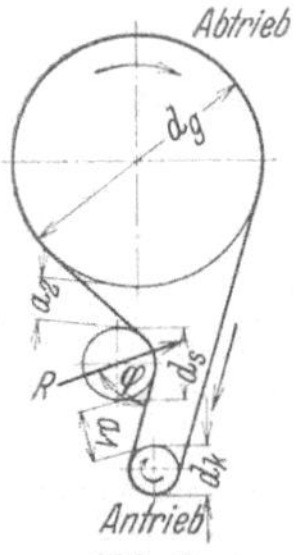

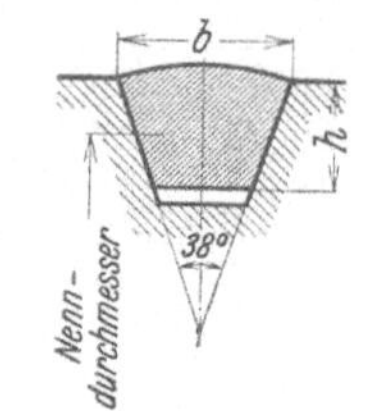

Abb. 7. Keilriemen liegt in Rille.

Der Keilriemen liegt mit den Flanken an den Rillenwänden der Scheiben (Abb. 7). Mit Gleichung (2) errechnet man für die Übersetzungen die Nenndurchmesser der Scheiben. Die Verwendung von Keilriemen ermöglicht Übersetzungen bis 1 : 10. Der Achsenabstand der Rillenscheiben sei etwa $A_{min} \geqq d_g$, so daß der Umschlingungswinkel der kleineren Scheibe mindestens 120° wird. Die günstigste Umfangsgeschwindigkeit liegt zwischen 5 und 15 m/s bis höchstens 20 m/s. Für die Berechnung der Riemenlänge gilt (12). Zum Aufbringen des Riemens und zum Ausgleich der Dehnung sollte eine Welle nach zwei Seiten verschiebbar sein.

2. Kettentriebe. Für die Kettentriebübersetzungen sind statt der Durchmesser die Zähnezahlen der Kettenräder einzusetzen in (2).

$$u = \frac{z_1}{z_2} = \frac{n_2}{n_1}. \qquad (14)$$

Zähnezahlen unter 15 sind zu vermeiden, als Grenzübersetzung gilt 1 : 7.

Die Kettentriebe können als Rollenketten (Abb. 8) oder als Zahnketten (Abb. 9) ausgeführt werden. Während die Rollenketten im Werkzeugmaschinenbau mehr für Vorschub- und Schaltgetriebe eingebaut werden — Umfangsgeschwindigkeit bis 4 ... 5 m/s —, eignen sich die Zahnketten bei geräuschlosem Lauf auch für die Übertragung größerer Kräfte und höherer Umfangsgeschwindigkeiten. Der Achsabstand der Kettenräder sei mindestens $A_{min} \geqq d_g + \frac{1}{2} d_k$.

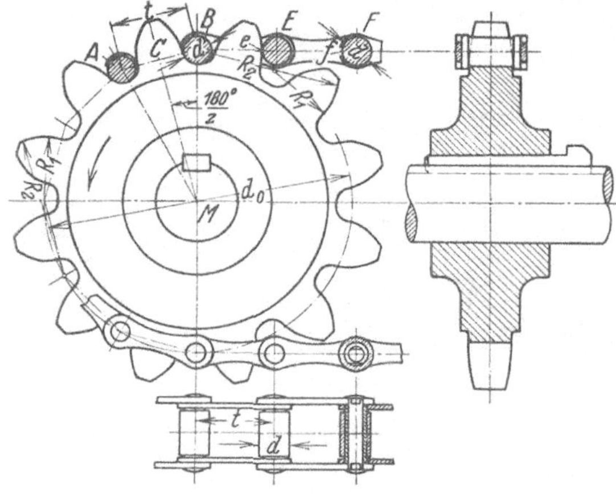

Abb. 6. Spannrollentrieb.

Abb. 8. Rollenkette.

Es ist zu beachten, daß die Länge der Kette ein ganzes Vielfaches der Teilung t wird (Teilung t = Mittenabstand der Rollen A und B in Abb. 8). Auch die Abmessungen der Kettenräder sind auf Grund der Teilung zu bestimmen. In Abb. 9

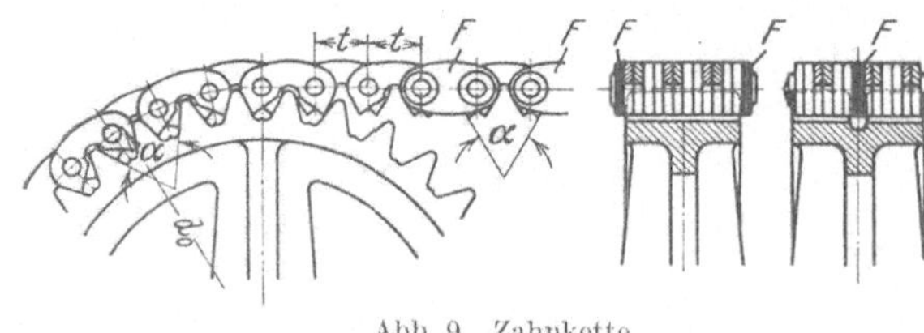

Abb. 9. Zahnkette.

wird der Teilkreisdurchmesser $\qquad d_o = \dfrac{t}{\sin \dfrac{180°}{z}} \qquad\qquad (15)$

und $R_1 = t - \dfrac{d_R}{2}$; $R_2 = 2t - \dfrac{d_R}{2}$, wenn d_R der Rollendurchmesser ist. Gleichung (15) gilt auch für die Zahnkette. Die Anzahl Z der Kettenglieder wird bei einem Achsenabstand A

$$Z = 2\,\frac{A}{t} + \frac{z_g + z_k}{2} + \left(\frac{z_g - z_k}{2\pi}\right)^2 \cdot \frac{t}{A}\,. \tag{16}$$

Zum Ausgleich der Kettenlängung sei ein Kettenrad um etwa $2\,t$ nachstellbar. Senkrecht übereinanderliegende Kettenräder sind zu vermeiden.

3. Koppeltriebe. Eine weitere Übertragungsmöglichkeit der Leistung ohne Änderung der Drehrichtung bieten die Koppeltriebe, von denen der bekannteste die Parallelkurbel ist (Abb. 10). An- und Abtriebswelle laufen mit gleichem Drehsinn und mit gleicher Drehzahl. Zur Überwindung der Totpunktlagen muß eine weitere um 90° versetzte Koppel angebracht werden (Anwendung siehe Bd. 2).

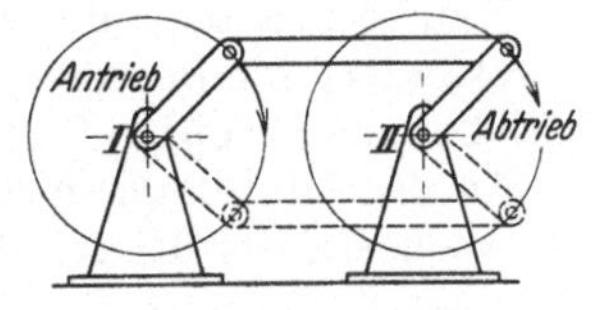

Abb. 10. Parallelkurbel.

B. Rädertriebe, festgelagert.

4. Reibradtriebe. Bei den Reibradtrieben wird die Bewegung lediglich durch Reibung von einem Rad zum anderen übertragen. Ist P_u die Umfangskraft, μ die Reibungszahl und P_r der radial wirkende Anpressungsdruck, so wird

$$P_u = \mu \cdot P_r. \tag{17}$$

Bei den älteren Bauarten beschritt man den Weg, die Reibzahl μ möglichst groß zu erhalten durch Wahl geeigneter Werkstoffe: Leder, Papier usf. Neuere Bauarten mit größerem Anpressungsdruck und kleinerer Reibungszahl zeigen günstigere Wirkungsgrade (... 95%).

5. Zahnradtriebe[1], Anordnung und Übersetzung. Gleichlaufende Wellen werden durch Stirnräder verbunden (Abb. 11). Bezeichnet man den Abstand von Mitte Zahn bis zur Mitte des nächsten als Teilung t und den Durchmesser, auf dessen Umfang die Teilung gemessen wird, als Teilkreisdurchmesser d_0, so besteht mit der Zähnezahl z_1 eines Rades 1 die Beziehung:

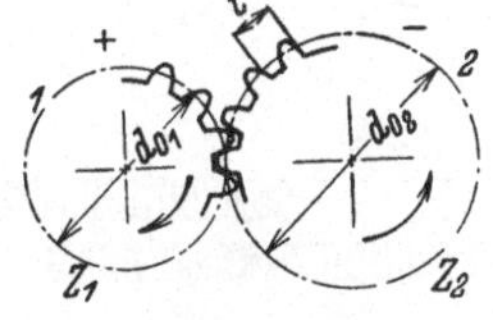

Abb. 11. Stirnrad 1 treibt Stirnrad 2.

$d_{0_1} \cdot \pi = z_1 \cdot t$ oder $d_{0_1} = \dfrac{t}{\pi} \cdot z_1$. Führt man den „Modul" $m = \dfrac{t}{\pi}$ ein, so wird

auch $d_{0_1} = m \cdot z$. (18)

Für die Übersetzung zweier kämmender Räder, die naturgemäß den gleichen Modul haben müssen, wird dann nach (2)

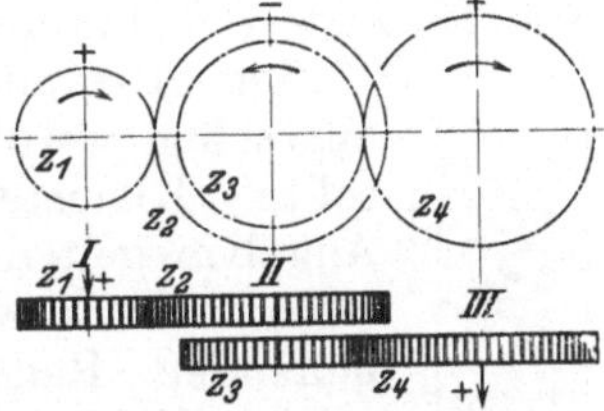

Abb. 13. Zweifacher Stirnradtrieb.

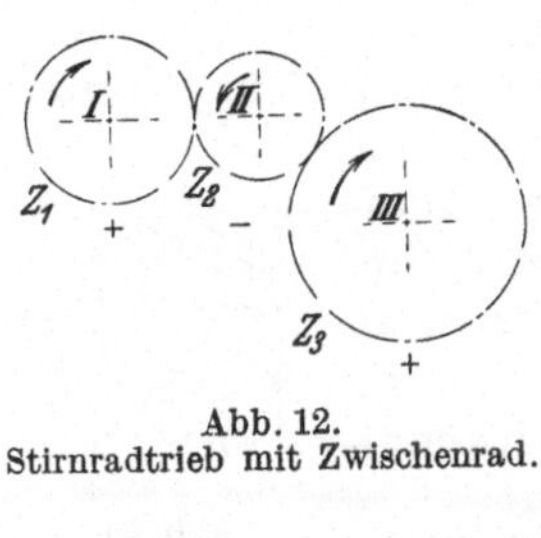

Abb. 12.
Stirnradtrieb mit Zwischenrad.

$$u = \frac{(-n_2)}{n_1} = \frac{d_{0_1}}{d_{0_2}} = \frac{z_1}{z_2}\,. \tag{19}$$

Es verhalten sich also die Zähnezahlen oder Teilkreisdurchmesser umgekehrt wie die Drehzahlen.

Bei der Übertragung der Drehbewegung durch Stirnräder wird der Drehsinn geändert. Soll er gleich bleiben, so muß ein Zwischenrad eingeführt werden (Abb. 12). Die Übersetzung zwischen dem treibenden Rade 1 und dem getriebenen Rade 3 bleibt erhalten, da zwischen Welle I und II: $u_1 = \dfrac{z_1}{z_2}$ und zwischen Welle II

und III: $u_2 = \dfrac{z_2}{z_3}$, also $u = u_1 \cdot u_2 = \dfrac{z_1}{z_2} \cdot \dfrac{z_2}{z_3} = \dfrac{z_1}{z_3}$ ist.

[1] Näheres über Zahnräder s. Heft 47.

Werden jedoch auf Welle II zwei Räder 2 und 3 angeordnet (Abb. 13), so wird zwischen Welle I und II: $u_1 = \dfrac{z_1}{z_2}$, zwischen Welle II und III: $u_2 = \dfrac{z_3}{z_4}$; und demnach die Gesamtübersetzung

$$u = u_1 \cdot u_2 = \frac{z_1}{z_2} \cdot \frac{z_3}{z_4} = \frac{n_{III}}{n_I}. \tag{20}$$

Man bezeichnet diese Anordnung, bei der der Drehsinn der Antriebswelle unverändert bleibt, als „zweifachen Trieb". Die Wechselräder an der Drehbank und bei dem Teilkopf bilden meist einen derartigen Trieb.

An der Drehbank verbinden sie die Arbeitsspindel mit der Leitspindel. Durch Auswechseln der Räder erhält man die verschiedenen Vorschübe beim Gewindeschneiden. Auch hier gilt $u = \dfrac{z_1}{z_2} \cdot \dfrac{z_3}{z_4} = \dfrac{n_l}{n_a}$ (n_l = Drehzahl der Leitspindel und n_a = Drehzahl der Arbeitsspindel). Nun muß die Leitspindel mit ihrer Steigung St_l je Umdrehung der Arbeitsspindel $\dfrac{St_g}{St_l}$ Umdrehungen ausführen, um den gewünschten Vorschub — gleich Gewindesteigung St_g — zu erreichen. Es wird demnach auch $u = \dfrac{z_1}{z_2} \cdot \dfrac{z_3}{z_4} = \dfrac{St_g}{St_l}$ (siehe auch Beispiel 20).

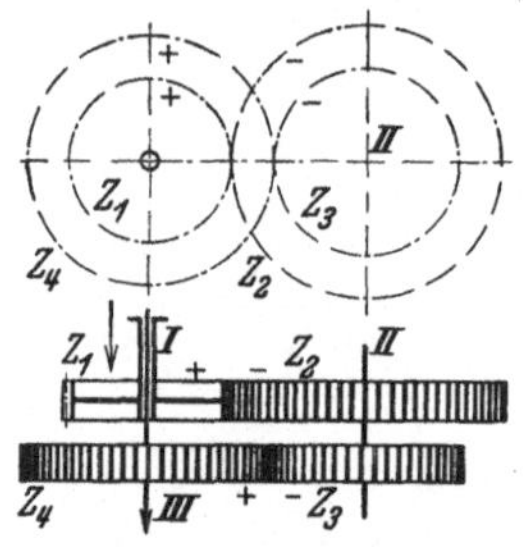

Am Teilkopf werden die Räder zum „Differentialteilen", bei dem die Teilspindel neben der Schaltung von Hand noch eine Zusatzdrehung erhält, und zum Spiralfräsen benötigt. (Genauere Angaben siehe Werkstattbücher Heft 4, Wechselräderberechnung und Heft 6, Teilkopfarbeiten.)

Die Anordnung der Räder $z_1 \ldots z_4$ kann auch eine „rückkehrende" sein (Abb. 14), bei der die Welle I zu einer lose laufenden Buchse auf Welle III wird. Auch für das rückkehrende Räderwerk oder „Vorgelege" wird

Abb. 14. Rückkehrender Stirnradtrieb (Vorgelege).

$$u = u_1 \cdot u_2 = \frac{z_1}{z_2} \cdot \frac{z_3}{z_4}.$$

Man wählt diese Anordnungen mit 4 Rädern, um große Übersetzungen zu überbrücken. Der Drehsinn wird bei den Vorgelegen nicht geändert.

Die Ausführung der Stirnräder mit Schräg- (Abb. 15) oder Pfeilverzahnung (Abb. 16) ändert nichts an den Übersetzungsverhältnissen.

Für Stirnräder können die Übersetzungen 1 : 4 und 2 : 1 als Grenzen angesehen werden, die man nach Möglichkeit einhalten sollte. Kleinste Zähnezahlen: etwa 16 Zähne. Diese Angaben gelten besonders für den Einbau der Zahnräder in Räderwechseltriebe. Bei letzten und langsamlaufenden Rädern (z. B. Ritzel-Planscheibenrad usf.) werden die Grenzen oft weit überschritten. Der Wirkungsgrad eines Rädertriebes beträgt bis etwa 97%.

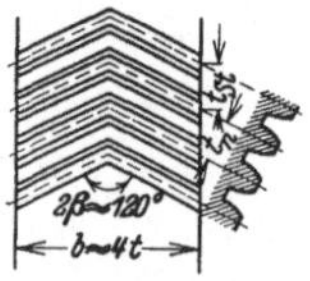

Abb. 15. Schrägverzahnung.

Abb. 16. Pfeilverzahnung

Der Achsenabstand A errechnet sich bei Stirnrädern aus:

$$A = \frac{m}{2}(z_1 + z_2) = \frac{1}{2}(d_{o_1} + d_{o_2}), \tag{21}$$

Außerdem ist für den Einbau der Räder oft der Kopfkreis, also der Außendurchmesser d_k, und der Fußkreisdurchmesser d_f von Wichtigkeit. Es wird:

$$d_k = m(z + 2) \quad \text{und} \quad d_f = m(z - 2,5). \tag{22}$$

Seltener als die außenverzahnten Räder werden innenverzahnte eingebaut

(Abb. 17). Auch hier ist $u = \frac{z_1}{z_2}$. Der Drehsinn bleibt aber erhalten. Der Achsenabstand zwischen Welle I und II wird:

$$A = \frac{m}{2}(z_1 - z_2) = \frac{1}{2}(d_{o_1} - d_{o_2}). \tag{23}$$

Kegelräder übertragen die Bewegung zwischen zwei sich unter einem Kreuzungswinkel δ schneidenden Wellen (Abb. 18). Für die Übersetzung gilt, wenn δ_1 und δ_2 die halben Teilkegelwinkel der Räder darstellen, also $\delta = \delta_1 + \delta_2$:

$$u = \frac{n_2}{n_1} = \frac{z_1}{z_2} = \frac{d_{o_1}}{d_{o_2}} = \frac{\sin \delta_1}{\sin \delta_2}. \tag{24}$$

Meist ist der Kreuzungswinkel δ und die Übersetzung u gegeben. Dann folgt für den einen Winkel:

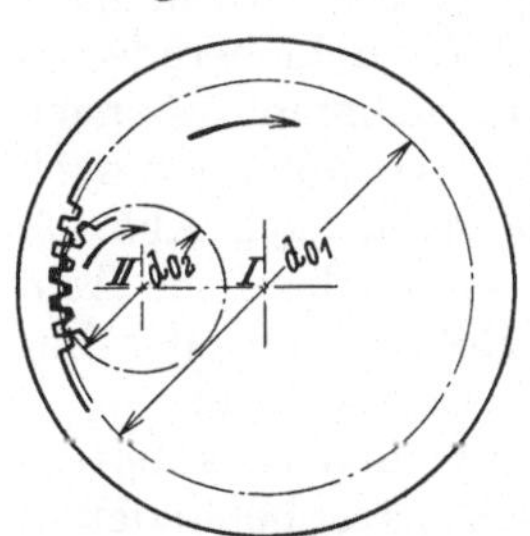

Abb. 17. Stirnradtrieb mit Innenverzahnung.

$$\operatorname{tg} \delta_1 = \frac{u \sin \delta}{1 + u \cos \delta} \text{ und den anderen } \delta_2 = \delta - \delta_1. \tag{25}$$

Bei $\delta = 90°$, vereinfacht sich (25) zu: $\operatorname{tg} \delta_1 = u$. (26)

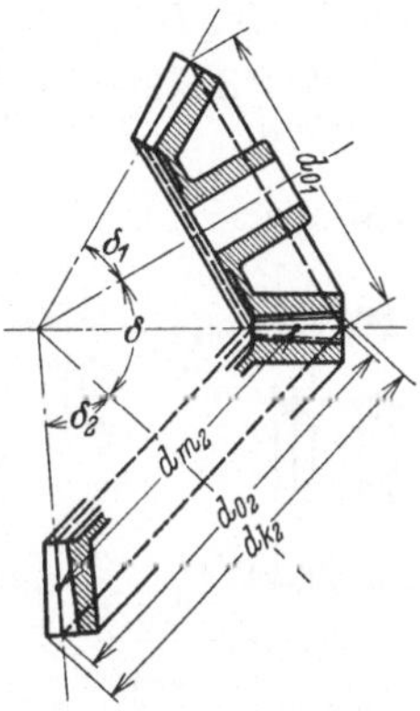

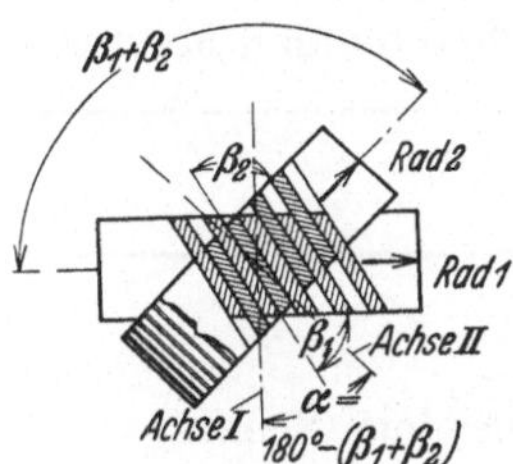

Abb. 18. Kegelradtrieb.

Der Kopfkreisdurchmesser wird $d_{k_1} = d_{o_1} + 2 m \cdot \cos \delta_1$.

Kreuzende Achsen, die sich nicht schneiden, verbinden Schraubenräder (Abb. 19). Ist der Kreuzungswinkel der Achsen $\alpha = 180° - (\beta_1 + \beta_2)$, worin β_1 und β_2 die Schrägungswinkel der Schraubenräder 1 und 2 sind, so wird

$$u = \frac{z_1}{z_2} = \frac{d_{o_1} \sin \beta_1}{d_{o_2} \sin \beta_2} = \frac{(-n_2)}{n_1}. \tag{27}$$

Die Übersetzung ist daher nicht nur von den Durchmessern, sondern auch von den Schrägungswinkeln abhängig. Zur Berechnung muß eine der Größen d_{o1}, d_{o2}, β_1 und β_2 gewählt werden, wobei auch $d_{o1} = d_{o2}$ oder $\beta_1 = \beta_2$ gesetzt werden kann und die Durchmesser oft durch den Achsenabstand festgelegt sind. Meist kreuzen sich die Achsen unter 90° (Abb. 20). Dann wird die Übersetzung $u = \frac{d_{o_1}}{d_{o_2}} \cdot \operatorname{tg} \beta_1$. Wählt man

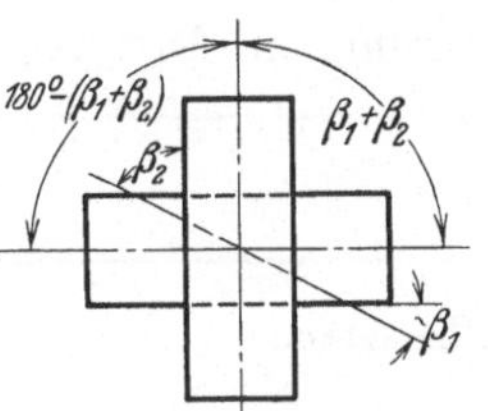

Abb. 20. Schraubenradtrieb bei 90° Kreuzung.

Abb. 19 Schraubenradtrieb.

hier $\beta_1 = \beta_2 = 45°$, so wird $u = \frac{d_{o_1}}{d_{o_2}}$. Oder wenn man die Durchmesser gleich groß ausführt, also $d_{o_1} = d_{o_2}$, so wird $u = \operatorname{tg} \beta_1$. Wirkungsgrad $\eta \approx 0,8$. Übersetzung nur ins Langsame bis $u \approx 1:4$.

Schneckentriebe, die besonders für große Übersetzungen an kreuzenden Wellen geeignet sind, bestehen aus der schraubenförmigen Schnecke und dem mit Zähnen versehenen Schneckenrade. Ist die Schnecke eingängig, so wird das Schneckenrad bei jeder Umdrehung der Schnecke um einen Zahn weitergeschoben, ist sie zweigängig, um zwei usf. Allgemein ist die Übersetzung: $u = \frac{g}{z_s}$, (28) worin g die Gangzahl der Schnecke und z_s die Zähnezahl des Schneckenrades bedeuten. Gewöhnliche Übersetzungen liegen zwischen 1:10 bis 1:30, gehen aber oft weit darüber hinaus. Der Wirkungsgrad der Schneckentriebe, einschließlich Lagerverluste, beträgt bei selbsthemmenden Schnecken $\eta = 0{,}5$, sonst $\eta = 0{,}75 \dots 0{,}85$.

In den Aufbauzeichnungen der Rädertriebe werden für die Stirnräder und Kegelräder im folgenden Sinnbilder nach den Vorschlägen des Getriebeausschusses beim AWF. benutzt. Und zwar für Räder, die fest auf der Welle sitzen, nach Abb. 21, für Räder, die lose auf der Welle sitzen, nach Abb. 22, für Schieberäder — also achsig verschiebbar, aber durch eine Feder die Welle mitnehmend — nach Abb. 23. Außerdem für Klauenkupplungen nach Abb. 24 und für Reibkupplungen nach Abb. 25. Bei den Reibkupplungen ist die bauliche Ausführung — ob als Kegelreibkupplung oder Lamellenkupplung — nicht berücksichtigt.

6. Zähnezahlrechnung. Bei den rückkehrenden Räderwerken wie bei den später behandelten Räderwechseltrieben verbinden mehrere Räderpaare zwei Wellen. Da für alle Räderpaare somit ein Achsenabstand gegeben ist, so müssen die Zähnezahlen zwei Bedingungen erfüllen: $\dfrac{z_a}{z_b} = u$ und $\dfrac{m}{2}(z_a + z_b) = A$. Die Berechnung der Zähnezahlen wird verschieden, wenn die Räderpaare den gleichen oder ungleichen Modul haben. Einige Beispiele sollen den Rechnungsgang erläutern.

a) Gleicher Modul. 4 Räderpaare mit Außenverzahnung haben die Übersetzungen $\dfrac{1}{1}; \dfrac{1}{1{,}5}; \dfrac{1}{2}; \dfrac{1}{3}$. Es sind die Zähnezahlen zu bestimmen. Dies geschieht am einfachsten an Hand des nachstehenden Musters:

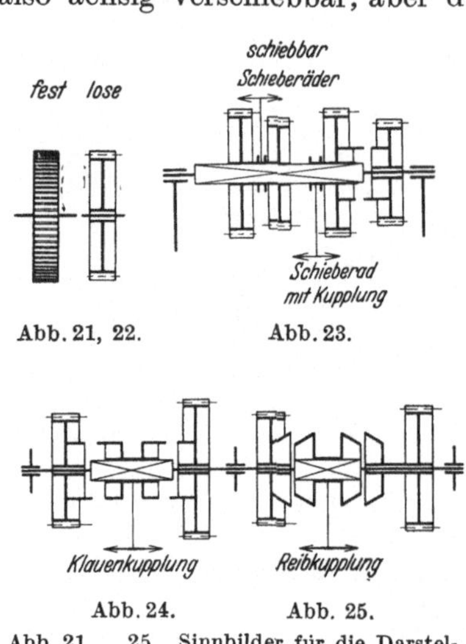

Abb. 21 ... 25. Sinnbilder für die Darstellung der Räder in Wechselgetrieben nach AWF.

	$\dfrac{z_1}{z_2}$	$\dfrac{z_3}{z_4}$	$\dfrac{z_5}{z_6}$	$\dfrac{z_7}{z_8}$	
Übersetzung ... $u = \dfrac{a}{b}$	$\dfrac{1}{1}$	$\dfrac{1}{1{,}5}$	$\dfrac{1}{2}$	$\dfrac{1}{3}$	
Summenzahl ..... s	2	2,5	3	4	addiere Zähler und Nenner
Zahnsumme ..... S		120			wird gefunden aus $2 \cdot 2{,}5 \cdot 3 \cdot 4 = 60$; jedoch zu klein: gewählt 120
Einheit .... e	60	48	40	30	$e = \dfrac{S}{s}$
Zähnezahlen ..... $\dfrac{z_a}{z_b}$	$\dfrac{60}{60}$	$\dfrac{48}{72}$	$\dfrac{40}{80}$	$\dfrac{30}{90}$	erhält man aus $a \cdot e$ und $b \cdot e$

Sind die Übersetzungen beliebige Zwischenwerte, so läßt sich eine durch s teilbare Summe S nicht finden. Es ist dann auf dem Rechenschieber ein möglichst nahekommender Wert zu suchen, wie das in späteren Beispielen durchgeführt wird. Auch dort ist es aber vorteilhaft, die Übersetzung u durch einen Bruch darzustellen, bei dem Zähler oder Nenner den Wert 1 hat.

Haben 2 Räderpaare zwischen 2 Wellen Innenverzahnung und die Übersetzungen $\dfrac{4}{1}$ und $\dfrac{1}{6}$, bei gleichem Modul, so gestaltet sich die Rechnung wie nachstehend:

	$\dfrac{z_1}{z_2}$	$\dfrac{z_3}{z_4}$
Übersetzung .. $u = \dfrac{a}{b}$	$\dfrac{4}{1}$	$\dfrac{1}{6}$
Differenz ..... d	3	5
Zahndifferenz ... D	90	
Einheit ... $e = \dfrac{D}{d}$	30	18
Zahnezahlen ... $\dfrac{e\cdot a}{e\cdot b}$	$\dfrac{120}{30}$	$\dfrac{18}{108}$

	$\dfrac{z_1}{z_2}$	$\dfrac{z_3}{z_4}$	$\dfrac{z_5}{z_6}$	$\dfrac{z_7}{z_8}$
u	$\dfrac{1}{1,4}$	$\dfrac{1}{2,3}$	$\dfrac{1}{3}$	$\dfrac{1}{5}$
s bzw. d ..	2,4	3,3	4	4
S bzw. D .	72	72	72	72
e	30	22*	18	18
z	$\dfrac{30}{42}$	$\dfrac{22}{50}$	$\dfrac{18}{54}$	$\dfrac{18}{90}$

* genau 21,8

Liegt schließlich teils Innen-, teils Außenverzahnung vor, und zwar bei drei Räderpaaren Außenverzahnung mit $u = \dfrac{1}{1,4}$; $\dfrac{1}{2,3}$; $\dfrac{1}{3}$ und bei einem Räderpaar Innenverzahnung mit $u = \dfrac{1}{5}$, so wird die Rechnung wie obenstehend durchgeführt.

b) **Ungleicher Modul.** Für die Berechnung der Zähnezahlen bei ungleichem Modul muß von dem Achsenabstand ausgegangen werden, da die Zahnsummen jetzt verschieden werden. Zwei Räderpaare mit Außenverzahnung haben z. B. die Übersetzung $\dfrac{1}{2,5}$ und $\dfrac{1}{3}$, wobei für das erstere Räderpaar $m = 3$, für das zweite jedoch $m = 4$ ist..

		$\dfrac{z_1}{z_2}$	$\dfrac{z_3}{z_4}$	
Übersetzung	u	$\dfrac{1}{2,5}$	$\dfrac{1}{3}$	
Summenzahl	s	3,5	4	
Modul	m	3	4	
Kleinste Zähnezahl gewählt	z_{min}		20	muß für das größte s eingesetzt werden
Dann wäre	z_4		60	
Mindestachsenabstand ...	A_{min}		160	$= \dfrac{m}{2}(z_3 + z_4)$
Gewählter Achsenabstand .	A	168		$A = 3,5\cdot3\cdot4\cdot4\,(s_1\cdot m_1\cdot s_2\cdot m_2)$, wobei $A \geqq A_{min}$
Zahnsumme	S	112	84	$S = \dfrac{2\cdot A}{m}$
Einheit	e	32	21	$\dfrac{S}{s}$
Zähnezahlen	$\dfrac{z_a}{z_b}$	$\dfrac{32}{80}$	$\dfrac{21}{63}$	

C. Rädertriebe, umlaufend.

7. Grundgetriebe. Die bisher besprochenen Rädertriebe waren fest gelagert, d. h. ihre Wellen oder Achsen lagerten in dem ruhenden Maschinenrahmen. Bei den Umlaufrädern — auch Planetengetriebe genannt — läuft jedoch ein Rad um das andere. In Abb. 26 z. B. sitzt ein Rad 1 auf der Achse A, um die ein Steg s umläuft. Der Steg s trägt in dem Punkte B ein zweites Rad 2. Das Rad 1 sei nun festgehalten, während der Steg s im Uhrzeigersinne gedreht wird. Bei dieser Drehung muß sich das Rad 2 auf dem Rade 1 abwälzen. Sind die beiden Räder gleich groß, so ist der Bogen C_1D_1 auf dem Rade 1 gleich dem Bogen C_2D_2 auf dem Rade 2. Bei der Drehung des Steges s nach Stellung II laufen diese Bögen aufeinander ab, und D_2 kommt gegenüber D_1. Bei weiterer Drehung nach Stellung III gelangt entsprechend E_2 gegenüber E_1. Vergleicht man diese Stellung III mit der Stellung I, so erkennt man, daß das Rad 2 genau die gleiche Lage wie in Stellung I hat, d. h.: bei halber Umdrehung des Steges s hat das Rad 2 eine ganze Umdrehung gemacht. Verfolgt man die Drehung über Stellung IV

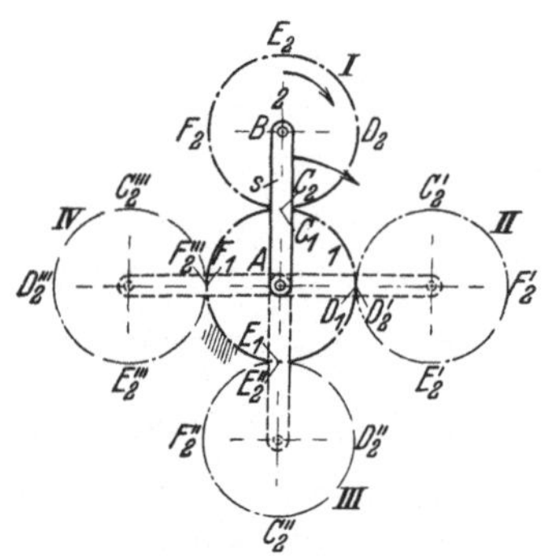

Abb. 26. Stirnrad 2 läuft um Rad 1.

weiter bis wieder zur Stellung I, so hat nunmehr Rad 2 zwei volle Umdrehungen gemacht bei nur einer Umdrehung des Steges s. Dies erklärt sich daraus, daß das Rad 2 sich erstens um sich selbst dreht, d. h. um Achse B, und zweitens um die Achse A. Löste man die zwangsweise Verbindung der Räder 1 und 2 — könnten also die Räder aufeinander gleiten — so könnte man diese beiden gleichzeitig ablaufenden Drehungen nacheinander ausführen, indem man einmal den Steg s mit dem Rade 2 um die Achse A dreht und dann nachher das Rad 2 noch einmal um B bei stillstehendem Steg. Man bezeichnet die erste Drehung des Steges um A gegen das ruhende Rad 1 mit n_{s1} (lies n, s um eins), die zweite mit n_{2s} (n, zwei um s), womit die Drehung des Rades 2 in bezug auf den sich bewegenden Steg s gemeint ist. Dann besteht nach unserer Beobachtung die Gleichung für die Drehung des Rades 2 um die Achse A des Rades 1, also gegen die ruhende Ebene

$$n_{21} = n_{2s} + n_{s1}, \qquad (29)$$

in Worten: die wirkliche Drehung des Rades 2 setzt sich zusammen aus der einen Drehung des Rades 2 in bezug auf den Steg s und der weiteren Drehung des Steges in bezug auf das ruhende Gestell.

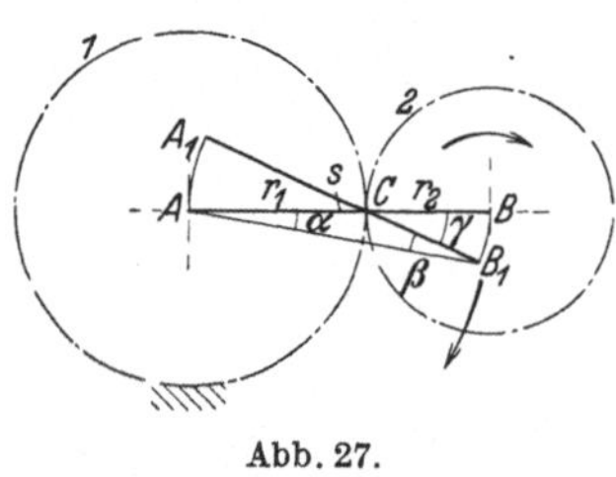

Abb. 27.

Gilt dieser Satz nun nur für den vorliegenden Fall oder allgemein? In Abb. 27 sind die Räder 1 und 2 verschieden groß, Rad 1 sei wieder fest. Es wird nun zunächst der Steg s um den kleinen Winkel α gedreht, so daß der Punkt B nach B_1 gelangt. Denkt man sich hierbei die Gerade AB mit dem Rade 2 fest verbunden, so würde sie bei der Drehung um α in die Lage A_1B_1 kommen, sich also um den kleinen Winkel β gedreht haben. AB und A_1B_1 schneiden sich in C, dem Berührungspunkt der Teilkreise. Der Drehung des Steges s um den Winkel α (nach obiger Bezeichnung n_{s1}) und der Drehung des Rades 2 um den Winkel β (n_{2s}) entspricht mithin eine tatsächliche Drehung um den Punkt C mit dem Betrage des Winkels γ. (Den Punkt C bezeichnet man daher als den Drehpol, da sich die wirkliche Drehung des Rades 2 um diesen Punkt vollzieht. Er fällt mit dem Berührungspunkt der beiden Teilkreise zusammen.) Der Winkel γ ist nun nach dem Satz der Außenwinkel in dem Dreieck AB_1C $\not< \gamma = \alpha + \beta$. Dividiert man diese kleinen Winkel durch die Zeit dt, in der sie durchlaufen wurden, so erhält man $\dfrac{\gamma}{dt} = \dfrac{\alpha}{dt} + \dfrac{\beta}{dt}$. Der in der Zeiteinheit durchlaufene Winkel ist nun aber die Winkelgeschwindigkeit ω, die hier mit dem der betreffenden Bewegung entsprechenden Zeichen versehen wird, also: $\omega_{21} = \omega_{2s} + \omega_{s1}$. Die Winkelgeschwindigkeiten stehen aber in dem gleichen Verhältnis wie die Drehzahlen, so daß die

Gleichung auch geschrieben werden kann: $n_{21} = n_{2s} + n_{s1}$; das ist dieselbe Gleichung wie bei (29).

Die mathematische Betrachtung der Abb. 27 bringt aber noch einen weiteren wichtigen Satz. Es ist nämlich $\sphericalangle ACA_1 = \sphericalangle BCB_1 = \gamma$. Dann wird der Bogen $\widehat{AA_1} = r_1 \cdot \gamma = (r_1 + r_2)\,\beta$ und $\widehat{BB_1} = r_2 \cdot \gamma = (r_1 + r_2)\,\alpha$. Durch Division dieser beiden Gleichungen erhält man

$$\frac{r_1}{r_2} = \frac{\beta}{\alpha} = \frac{n_{2s}}{n_{s1}} \tag{30}$$

(wenn man statt der Winkel ihre Winkelgeschwindigkeit bzw. die Drehzahlen einsetzt).

Mit Hilfe der Gleichungen (29) und (30) ist es nunmehr möglich, die Drehung des umlaufenden Rades gegen das ruhende Gestell zu errechnen. Die Aufgabe lautet: Um ein feststehendes Rad 1 wird ein Steg mit n_s Umdrehungen gedreht. Wieviel Umdrehungen macht das umlaufende Rad 2? Setzt man aus (30) $n_{2s} = \dfrac{r_1}{r_2} \cdot n_{s1}$ in (29) ein, so wird $n_{21} = \dfrac{r_1}{r_2} \cdot n_{s1} + n_{s1} = n_{s1}\left(1 + \dfrac{r_1}{r_2}\right)$.

Damit ist die Drehung zwei um s herausgefallen. Bezeichnet man nun die Drehung n_{21} des Rades 2 einfacher mit n_2 und die Drehung des Steges um Rad 1 mit n_s, so erhält man die Gleichung $n_2 = n_s\left(1 + \dfrac{r_1}{r_2}\right)$. Oder wenn man statt der Radien die Zähnezahlen einsetzt:

$$n_2 = n_s\left(1 + \frac{z_1}{z_2}\right). \tag{31}$$

(Ist — wie in Abb. 26 — $r_1 = r_2$, so wird demnach $n_2 = n_s\,(1 + 1)$; $n_2 = 2\,n_s$, d. h., wie auch beobachtet, macht das Rad 2 bei einer Umdrehung des Steges zwei Umdrehungen.)

Die Gleichung 29 gilt aber nur, wenn der Drehsinn des Steges und des Rades 2 gleichgerichtet sind. Eine entgegengesetzte Drehung erhält man bei Innenverzahnung (Abb. 28). Wird hier der·Steg s nach dem Uhrzeigersinn gedreht, so dreht sich das Rad 2 entgegengesetzt. Gleichung (29) lautet dann: $\quad n_{21} = n_{2s} - n_{s1}.$ (32)

Für Abb. 28 errechnet sich nunmehr die Drehung des Rades 2 aus (32) und (30) zu:

$$n_2 = n_s\left(\frac{z_1}{z_2} - 1\right). \tag{33}$$

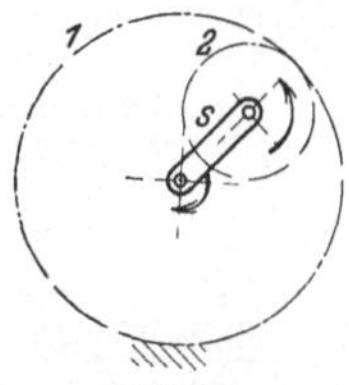

Abb. 28.
Feststehendes Rad 1 ist innen verzahnt.

Diese Überlegungen wurden von Swamp in eine andere Form gebracht, die häufig zur Berechnung von Umlauftrieben benutzt wird, aber manchmal versagt. Swamp läßt die Bewegungen nacheinander folgen und rechnet für den Fall der Abb. 28 bzw. 27 wie folgt: Es werden zunächst das Rad 1, der Steg s und das Rad 2 fest verriegelt und das ganze Getriebe um die Achse A gedreht, dann macht

	Rad 1	Rad 2	Steg s
1. Bewegung	$+1$	$+1$	$+1$ U

Nun kann sich doch aber Rad 1 gar nicht drehen, da es feststeht. Folglich muß Rad 1 „zurückgedreht" werden. Da aber Rad 1 mit dem Rade 2 kämmt, wird sich dieses nach Maßgabe der Übersetzung bei feststehendem Stege s mitdrehen. Bei der Rückdrehung des Rades 1 erhält man demnach:

	Rad 1	Rad 2	Steg s
2. Bewegung	-1	$+\dfrac{z_1}{z_2}$	0
Addiert man die Bewegungen 1 und 2	0	$1 + \dfrac{z_1}{z_2}$	1

Bei einer Drehung des Steges macht Rad $2 = 1 + \frac{z_1}{z_2}$ Umdrehungen, bei n_s Umdrehungen des Steges also $n_2 = n_s\left(1 + \frac{z_1}{z_2}\right)$ Umdrehungen. Das ist das gleiche Ergebnis wie in Gleichung 31.

2. Beispiel. Für ein Ausbohrwerk (Abb. 29) soll der Bohrstahl St bei der Drehung der Bohrstange S mit einem Vorschube $s = 0,75$ mm/U der Bohrstange vorgeschoben werden. Die Spindel Sp habe eine Steigung $h = 3$ mm.

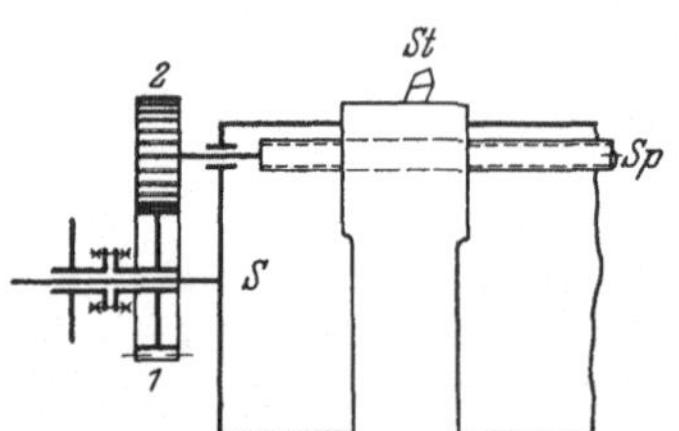

Abb. 29. Bohrstange eines Ausbohrwerkes mit unveränderlichem Vorschub.

Lösung. Der Umlauftrieb besteht aus dem feststehenden Rade 1, dem umlaufenden Rade 2 und der Bohrstange S, die hier den Steg für das umlaufende Rad 2 bildet. Die Spindel Sp ist in der Bohrstange gelagert und trägt das Rad 2. Da das Gewinde eine Steigung von 3 mm hat, der Stahl aber bei einer Umdrehung der Bohrstange nur um 0,75 mm vorgeschoben werden soll, so darf die Spindel bei einer Umdrehung der Bohrstange nur $\frac{0,75}{3} = \frac{1}{4}$ Umdrehung ausführen. Der Drehung der Spindel Sp entspricht die Drehung des Rades 2 und zwar die Drehung n_{2s} (nicht etwa die Drehung n_{21} des Rades gegen das ruhende Rad!)

Also wird nach (30) $\frac{n_{2s}}{n_{s1}} = \frac{z_1}{z_2}$. Da die Umdrehung der Bohrstange $n_{s1} = 1$ und $n_{2s} = \frac{1}{4}$, so wird $\frac{z_1}{z_2} = \frac{1}{4}$, also z. B. $\frac{18}{72}$ Zähne.

8. Rückkehrende Umlauftriebe. Häufiger als die einfachen Umlaufräder werden die rückkehrenden Umlauftriebe benutzt, etwa in der Ausführung der Abb. 30, bei denen der gedrehte Steg s die miteinander verbundenen Räder 2 und 3 trägt. Rad 2 wälzt sich auf dem stillstehenden Rade 1 ab, Rad 3 kämmt mit dem Rade 4 und treibt dieses an. Wieviel Umdrehungen macht nun Rad 4 bei n_s Umdrehungen des Steges? Nach Gleichung 31 gilt für die Räder 1 und 2 mit dem Steg $s, n_2 = n_s\left(1 + \frac{r_1}{r_2}\right)$ oder wenn statt der Drehzahlen die Winkelgeschwindigkeiten eingesetzt werden: $\omega_2 = \omega_s\left(1 + \frac{r_1}{r_2}\right)$. Der Drehpol ist hierbei für Rad 2 der Punkt C. Das Rad 3 hat die gleiche Winkelgeschwindigkeit wie das Rad 2, $\omega_3 = \omega_2$. Zu dem Drehpol hat der Punkt D des Rades 3 aber die Umfangsgeschwindigkeit $v_3 = (r_2 - r_3) \cdot \omega_3$. Diese Geschwindigkeit muß auch Rad 4 haben, das in D mit dem Rade 3 kämmt.

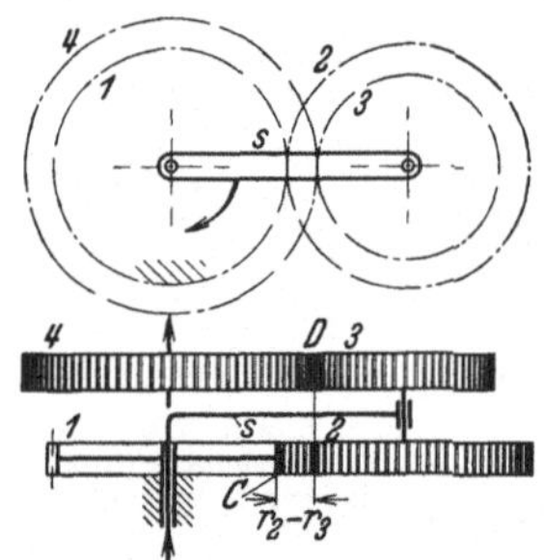

Abb. 30. Rückkehrender Umlauftrieb.

Also $v_4 = v_3$. Aus der Umfangsgeschwindigkeit errechnet sich die Winkelgeschwindigkeit des Rades 4 zu $\omega_4 = \frac{v_4}{r_4}$. Durch Einsetzen erhält man dann

$$\omega_4 = \frac{v_4}{r_4} = \frac{v_3}{r_4} = \frac{(r_2 - r_3) \cdot \omega_3}{r_4} = \frac{(r_2 - r_3)}{r_4}\left(1 + \frac{r_1}{r_2}\right)\omega_s = \frac{r_2 - r_3}{r_4} \cdot \frac{r_2 - r_1}{r_2} \cdot \omega_s$$

$$= \frac{r_2{}^2 - r_2 r_3 + r_1 r_2 - r_1 r_3}{r_2 r_4}\,\omega_s = \frac{r_2(r_2 - r_3 + r_1) - r_1 r_3}{r_2 r_4}\,\omega_s .$$

Nun ist aber $r_1 + r_2 - r_3 = r_4$, und es wird $\omega_4 = \frac{r_2 r_4 - r_1 r_3}{r_2 r_4}\,\omega_s = \left(1 - \frac{r_1 \cdot r_3}{r_2 \cdot r_4}\right)\omega_s$. Setzt man statt der Winkelgeschwindigkeiten die Drehzahlen und statt der Radien die Zähnezahlen ein, so erhält man: $n_4 = n_s\left(1 - \frac{z_1 \cdot z_3}{z_2 \cdot z_4}\right)$. $\frac{z_1}{z_2}\,\frac{z_3}{z_4}$ ist aber die Übersetzung der Zahnräder 1 bis 4, die mit u bezeichnet wurde. Demnach kann man die Gleichung schreiben:

$$n_4 = n_s\,(1 - u). \tag{34}$$

In der Abb. 30 sind alle 4 Räder außenverzahnt. Weitere Möglichkeiten für die Ausführung ergeben sich durch den Einbau innen- und außenverzahnter Räder. In der Tabelle 1 auf Seite 16 sind diese Fälle mit ihren Gleichungen angeführt Die Ableitung ist die gleiche, wie sie soeben für den einen Fall durchgeführt wurde. Bei gleichverzahnten Räderpaaren gilt Gleichung 34, für ungleich verzahnte jedoch

$$n_4 = n_s (1 + u). \tag{35}$$

Nach Swamp kann man die Bewegung wieder dadurch ermitteln, daß man dem ganzen Getriebe zunächst eine Drehung im Uhrzeigersinn erteilt — 1. Bewegung — und dann Rad 1 als festes Rad in seine ursprüngliche Lage zurückdreht — 2. Bewegung. Für den Fall der Abb. 30 wird also

		Rad 1	Rad 2, 3	Rad 4	Steg s
1. Bewegung	Räder verriegelt	$+1$	$+1$	$+1$	$+1$
2. Bewegung	Steg s fest, Rad 1 zurück	-1	$+\dfrac{z_1}{z_2}$	$-\dfrac{z_1}{z_2}\cdot\dfrac{z_3}{z_4}$	0
	Summe	0	$1+\dfrac{z_1}{z_2}$	$1-\dfrac{z_1}{z_2}\cdot\dfrac{z_3}{z_4}$	1

oder bei n_sU des Steges $n_4 = n_s\left(1 - \dfrac{z_1}{z_2}\cdot\dfrac{z_3}{z_4}\right).$

Die Umlaufgetriebe können auch mit Kegelrädern ausgeführt werden. Der Berechnung dieser Triebe ist der Fall b zugrunde zu legen, wie es Abb. 31, der Übergang vom Stirnrad zum Kegelradtrieb, verdeutlicht. In Tabelle 1 erscheint dann der aus 4 Kegelrädern bestehende Trieb. Ein Sonderfall wird hier viel benutzt, bei dem die 4 Räder gleich groß werden und somit das Rad 2 mit dem Rade 3 ein Mittelrad bildet. Da nunmehr $u = \dfrac{z_2}{z_1}\cdot\dfrac{z_3}{z_4} = 1$ wird, so ist $n_4 = n_s(1+1) = 2\,n_s$.

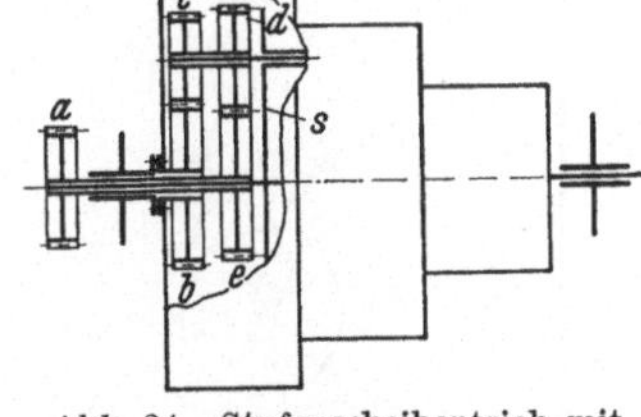

Abb. 31.

Die Berechnung kann man sich vereinfachen, indem man die Räder der Getriebe in der gleichen Folge durchnumeriert wie in Tabelle 1, also das feste Rad mit 1 bezeichnet usf., und dann die entsprechende Gleichung benutzt. Ein negatives Ergebnis bedeutet, daß An- und Abtrieb entgegengesetzten Drehsinn haben. Für die Ermittlung des Drehsinnes oder zur Nachprüfung kann man folgende Regel an-

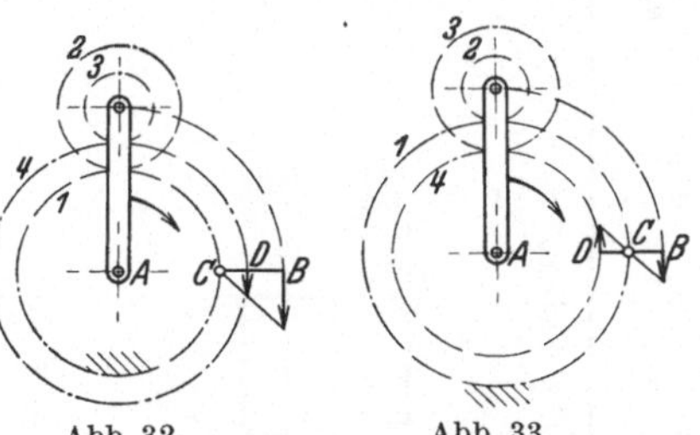

Abb. 32. Abb. 33.

Abb. 32/33. Drehsinnermittelung.

Abb. 34. Stufenscheibentrieb mit Vorschubabnahme.

wenden: Den Berührungspunkt C der Räder 1 und 2 (Abb. 32) auf dem festen Rade nimmt man als Drehpunkt eines Hebels an. Der Mittelpunkt B des Rades 2 wird mit dem Steg nach rechts gedreht: überträgt man diesen Drehsinn auf den Hebel in C, so dreht sich auch dieser im Uhrzeigersinn und mit ihm der Punkt D des Rades 4, das demnach den gleichen Drehsinn zeigt. In Abb. 33 ist Rad 1 größer als Rad 4. Bei gleichem Drehsinn des Steges wird jetzt Punkt B den Hebel um den Festpunkt C nach unten drehen und den Punkt D des Rades 4 nach oben, also Rad 4 dem Uhrzeigersinn entgegengesetzt.

Tabelle 1.

Grundgetriebe		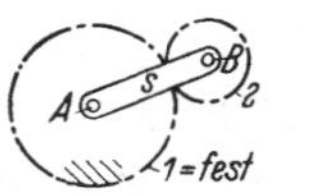	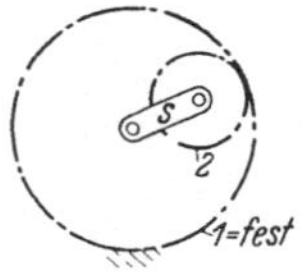	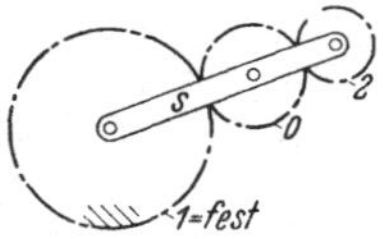	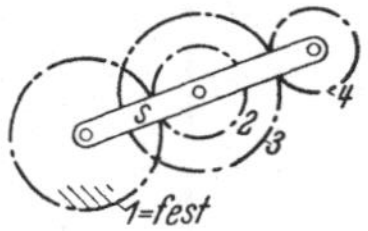	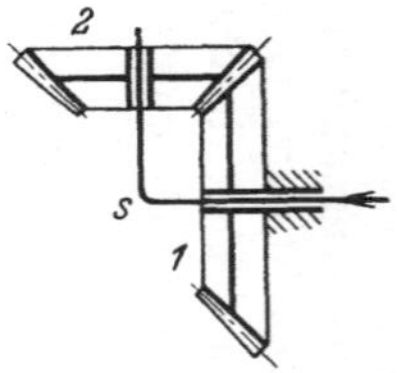
		$n_2 = n_s\left(1 + \dfrac{z_1}{z_2}\right)$	$n_2 = n_s\left(\dfrac{z_1}{z_2} - 1\right)$	$n_2 = n_s\left(1 - \dfrac{z_1}{z_2}\right)$	$n_4 = n_s\left(1 - \dfrac{z_1}{z_2}\cdot\dfrac{z_3}{z_4}\right)$	$n_2 = n_s\left(1 + \dfrac{z_1}{z_2}\right)$
$u = \dfrac{z_1}{z_2}\cdot\dfrac{z_3}{z_4}$		Fall a_1 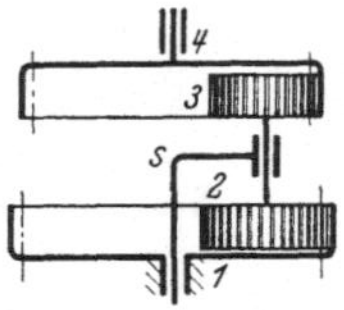	Fall a_2 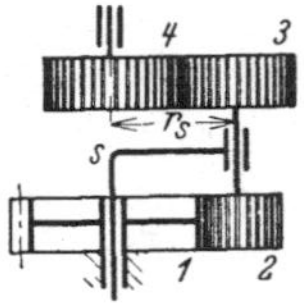	Fall b_1 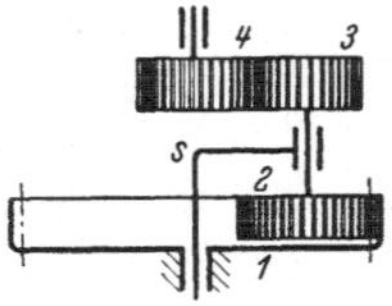	Fall b_2 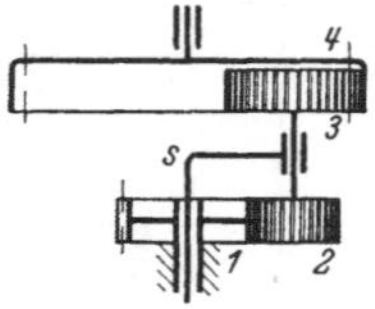	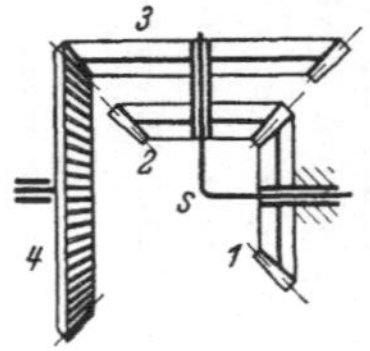
Rück-kehrende Umlauf-triebe Rad 1 fest	Antrieb von Steg s, $(+n_s)$	$n_4 = n_s(1-u)$	$n_4 = n_s(1-u)$	$n_4 = n_s(1+u)$	$n_4 = n_s(1+u)$	$n_4 = n_s(1+u)$
	Antrieb von Rad 4, $(+n_4)$	$n_s = \dfrac{n_4}{1-u}$	$n_s = \dfrac{n_4}{1-u}$	$n_s = \dfrac{n_4}{1+u}$	$n_s = \dfrac{u_4}{1+u}$	$n_s = \dfrac{n_4}{1+u}$
Differential-triebe Rad 1 und Steg s treiben	im gleichen Drehsinn $(+n_s)$ und $(+n_1)$	$n_4 = n_s(1-u) + n_1 u$	$n_4 = n_s(1-u) + n_1 u$	$n_4 = n_s(1+u) - n_1 u$	$n_4 = n_s(1+u) - n_1 u$	$n_4 = n_s(1+u) - n_1 u$
	im ungleichen Drehsinn	n_s und n_1 sind in überstehende Gleichung mit dem Vorzeichen einzusetzen, das dem Drehsinn entspricht, also $(+n_s)$ und $(-n_1)$ oder $(-n_s)$ und $(+n_1)$. Beachte hierbei für Fall b das Minuszeichen!				

3. Beispiel. Bei dem Stufenscheibentrieb nach Abb. 34 soll vom Rade a ein Vorschubantrieb abgenommen werden. Zu diesem Zwecke soll zwischen der Stufenscheibe und dem Rade a eine Übersetzung $u = -(1:20)$, also im entgegengesetzten Drehsinn, erzeugt werden.

Lösung. Um diese Übersetzung zu erzielen, wird ein Umlaufrädertrieb angeordnet mit den Rädern b, c, d, e. Von diesen Rädern sitzt Rad b fest am Maschinenrahmen, Rad c und Rad d auf dem Stege s, der hier von der Stufenscheibe gebildet wird, Rad e auf einer Hülse, auf der auch Rad a befestigt ist. Man numeriere durch $\varnothing$: Rad $b = 1$, Rad $c = 2$, Rad $d = 3$ und Rad $e = 4$. Es liegt dann Fall a_2 vor mit der Gleichung $n_4 = n_s (1 - u)$, worin nach der Aufgabe $n_a = n_4 = -\dfrac{1}{20}$ bei $n_s = 1$ sein soll. Die Werte werden eingesetzt und die Gleichung nach u aufgelöst:

$$-\frac{1}{20} = 1 - u; \quad u = 1 + \frac{1}{20} = \frac{21}{20}.$$

Für die Berechnung der Räder wird die Übersetzung aufgeteilt in $\dfrac{1{,}05}{1} \cdot \dfrac{1}{1}$. Man findet die Räder dann nach untenstehendem Muster.

4. Beispiel. In dem Getriebe der Abb. 35 steht die Achse A fest. Auf dem Motor sitzt ein Rad a, das mit dem umlaufenden Rade b

	$\dfrac{z_1}{z_2}$	$\dfrac{z_3}{z_4}$
u	$\dfrac{1{,}05}{1}$	$\dfrac{1}{1}$
s	$2{,}05$	2
S	82	
e	40	41
	$\dfrac{42}{40}$	$\dfrac{41}{41}$

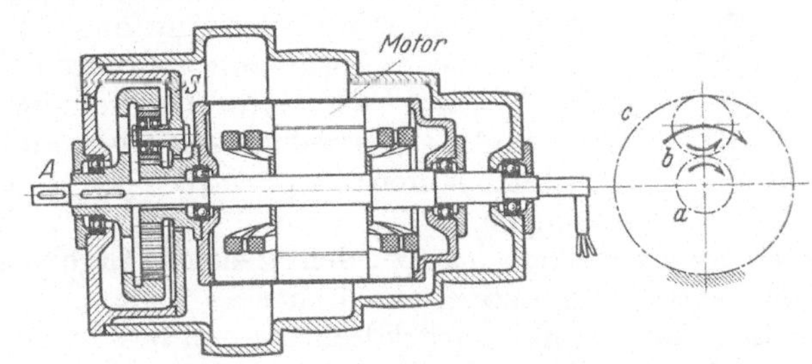

Abb. 35. Elektromotor mit Stufenscheibe als Einzelantrieb.

kämmt. Rad b läuft auf dem ruhenden Rade c ab. Zwischen dem Motor und der Stufenscheibe soll eine Übersetzung $u = 1:6$ erzeugt werden (Himmelwerkantrieb).

Lösung. Es liegt Fall b_1 vor, bei dem Rad 2 = Rad 3 ist. Der Steg wird von der Stufenscheibe gebildet. Man numeriere durch: Rad $c = 1$, Rad $b = 2/3$, Rad $a = 4$ und erhält

$$n_4 = n_s \left(1 + \frac{z_1}{z_2} \cdot \frac{z_3}{z_4}\right); \text{ da } z_2 = z_3, \; n_4 = n_s \left(1 + \frac{z_1}{z_4}\right) = n_s \frac{z_4 + z_1}{z_4}; \quad \frac{n_s}{n_4} = \frac{z_4}{z_4 + z_1} = \frac{1}{6},$$

da die Übersetzung zwischen der getriebenen Stufenscheibe (n_s) und dem treibenden Motor (n_4) $u = \dfrac{1}{6}$ sein sollte. Für die Berechnung der Zähnezahlen ist noch als weitere Gleichung zu erfüllen: $\dfrac{1}{2} z_1 = \dfrac{1}{2} z_4 + z_{2/3}$. Aus der oberen Gleichung erhält man: $z_4 = \dfrac{1}{6} z_4 + \dfrac{1}{6} z_1$; $5 z_4 = z_1$.

Eingesetzt in die Zahnsummengleichung $\dfrac{5}{2} z_4 = \dfrac{1}{2} z_4 + z_{2/3}$; $\dfrac{4}{2} z_4 = 2 z_4 = z_{2/3}$. Wird

z. B. $z_4 = 20$ gewählt, so wird $z_{2/3} = 40$ und $z_1 = 5 z_4 = 100$. Probe: $\dfrac{1}{2} \cdot 100 = \dfrac{1}{2} \cdot 20 + 40 = 50$.

5. Beispiel. Mit Getriebe für ein Zählwerk in Abb. 36 soll eine Übersetzung $\dfrac{1}{1500}$ erreicht werden. Rad a treibt das Rad b an, das den Steg für das umlaufende Rad d bildet. Rad d kämmt mit dem festen Rade c und dem drehenden Rade e. Auf der Buchse des Rades e sitzt für den Abtrieb das Rad f.

Lösung. Wählt man $\dfrac{a}{b} = \dfrac{1}{15}$, so wäre mit dem Umlauftrieb noch eine Übersetzung $1:100$ zu überbrücken. Da Fall a_2 vorliegt mit $z_2 = z_3$, so numeriere man zunächst: Rad $c = 1$ (fest), Rad $d = 2/3$, Rad $e = 4$, und es wird $n_4 = n_s \left(1 - \dfrac{z_1}{z_4}\right)$; bei $n_s = 1$, $n_4 = 1 - \dfrac{z_1}{z_4} = \dfrac{1}{100}$. Wird erreicht bei $z_1 = 99$ und $z_4 = 100$. Die Zähnezahl des Rades 2/3 ist beliebig und ohne Einfluß auf die Übersetzung. (Man baut bei Umlauftrieben oft Räderpaare ein, deren Zahnsummen die Bedingung der Gleichheit nicht erfüllen. Es ist dies um so mehr zulässig, als die Umlaufräder meist nur für untergeordnete Zwecke bzw. kleinere Leistungen bestimmt sind und andererseits sich nur bei kleinen Zahndifferenzen die großen Übersetzungen erreichen lassen. Will man aber der Bedingung gleicher Zahnsumme unbedingt nachkommen, so kann man das umlaufende Rad 2/3 mit doppelter Zahnbreite durch Zwischenräder 5 und 6 mit den Rädern 1 und 4 verbinden (Abb. 37). Für die Berechnung ist die Größe dieser Zwischenräder gleichgültig.)

9. Differentialtriebe. Bei den bisher besprochenen Umlauftrieben wurde nur von einer Seite angetrieben: entweder der Steg oder ein Rad. Wird nun aber das Rad 1, das bisher immer als feststehend angenommen war, auch noch gedreht,

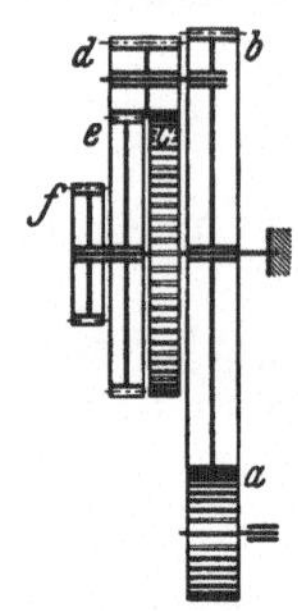

Abb. 36. Umlauftrieb für Übersetzung 1:1500.

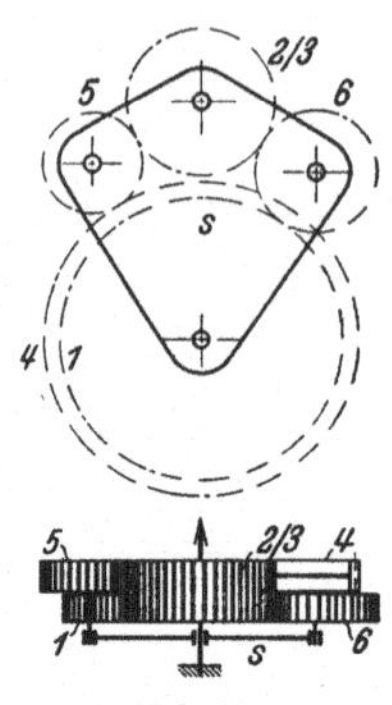

Abb. 37.

so erhält man Differentialtriebe, die im übrigen den gleichen Aufbau wie die Umlauftriebe zeigen. Bezeichnet man das getriebene Rad mit 4, so wird dieses Rad zweimal angetrieben, einmal durch den Steg s und dann durch das Rad 1. Liegt der Fall a_2 der Umlauftriebe vor, so macht, bei Antrieb durch n_s Rad 4: $n_4 = n_s(1-u)$ Umdrehungen, bei Antrieb durch Rad 1: $n_4 = u \cdot n_1$ Umdrehungen, wenn beide Antriebe den gleichen Drehsinn haben. Insgesamt vollführt Rad 4 demnach $n_4 = n_s(1-u) + u n_1$ Umdrehungen. Wenn Rad 1 und Steg s jedoch mit $(+ n_s)$ und $(- n_1)$ Drehsinn laufen: $n_4 = n_s(1-u) - u n_1$ Umdrehungen.

Nach Swamp käme man zu dem gleichen Ergebnis, wenn man zunächst das Getriebe verriegelte und $n_s$mal drehte — 1. Bewegung —, dann Rad 1 bei feststehendem Steg $n_s$mal zurückdrehte — 2. Bewegung — und schließlich wieder bei feststehendem Steg Rad 1 $n_1$mal drehte — 3. Bewegung.

		Rad 1	Rad 2/3	Rad 4	Steg s
1. Bewegung	Räder verriegelt	$+ n_s$	$+ n_s$	$+ n_s$	$+ n_s$
2. Bewegung	Steg s fest, Rad 1 zurück	$- n_s$	$+ n_s \cdot \dfrac{z_1}{z_2}$	$- n_s \dfrac{z_1}{z_2} \cdot \dfrac{z_2}{z_4}$	0
3. Bewegung	Rad 1 $n_1$mal, Steg fest	$+ n_1$	$- n_1 \cdot \dfrac{z_1}{z_2}$	$+ n_1 \dfrac{z_1}{z_2} \cdot \dfrac{z_3}{z_4}$	0
Ergebnis		n_1	$n_s\left(1 + \dfrac{z_1}{z_2}\right) - n_1 \dfrac{z_1}{z_2}$	$n_s\left(1 - \dfrac{z_1}{z_2} \cdot \dfrac{z_3}{z_4}\right) + n_1 \dfrac{z_1}{z_2} \cdot \dfrac{z_3}{z_4}$	n_s

Bei ungleicher Drehung z. B. $+ n_s$ und $- n_1$ erhält man das Ergebnis für Rad 4: $n_4 = n_s\left(1 - \dfrac{z_1}{z_2} \cdot \dfrac{z_3}{z_4}\right) - n_1 \dfrac{z_1}{z_2} \cdot \dfrac{z_3}{z_4}$.

Umgekehrt erhält man bei Getrieben nach Fall b und bei Kegelradgetrieben die Gleichungen für gleichen Drehsinn: $n_4 = n_s(1 + u) - n_1 u$ und für ungleichen Drehsinn: $n_4 = n_s(1 + u) + n_1 u$, wenn wieder $(+ n_s)$ und $(- n_1)$ eingesetzt wird.

In Tabelle 1 sind auch für die Differentialtriebe die Fälle mit ihren Gleichungen aufgeführt. Der einfachste Fall der Differentialtriebe ist der, daß in einem Getriebe nach Abb. 29 auch Rad 1 angetrieben wird. Dieser Fall wird in dem folgenden Beispiel behandelt.

6. Beispiel. Um bei dem in Beispiel 2 behandelten Antrieb verschiedene Vorschübe einschalten zu können, werden Wechselräder angebracht (Abb. 38), wodurch das bisher feststehende Rad 1 von dem Bohrkopf, der hier den „Steg" des Getriebes bildet, angetrieben wird. Welche Übersetzung muß für die Wechselräder eingestellt werden, damit der Vorschub 0,5; 1; 1,5 mm/U wird?

Lösung. Werden die gleichen Werte wie in Beispiel 2 zugrunde gelegt, so ermittelt man allgemein die notwendige Drehzahl der Spindel, um bei einer Steigung h den Vorschub s_v zu erreichen $n_{sp} = \dfrac{s_v}{h}$. Dieser Drehzahl der Spindel entspricht die Drehzahl n_{2s} des Rades 2, die nach (30) $n_{2s} = \dfrac{'z_1}{z_2} \cdot n_{s1}$ wurde. Läßt man die Bewegung nacheinander ablaufen, so wird Rad 1 nun im gleichen Drehsinn gedreht, wobei Rad 2 dann $n_{2s} = -\dfrac{z_1}{z_2}$ Umdrehungen bei stillstehendem Steg macht. Die Gesamtdrehung des Rades 2 und damit der Spindel wird demnach

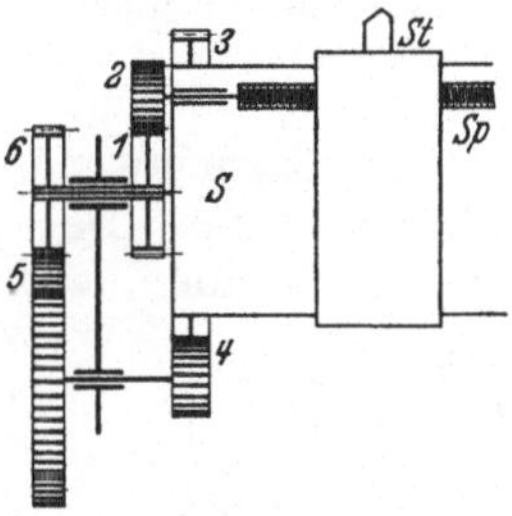

$$n_{sp} = \frac{z_1}{z_2} \cdot n_s - \frac{z_1}{z_2} \cdot n_1 = \frac{z_1}{z_2} \cdot (n_s - n_1).$$

Nun ist $n_1 = \dfrac{z_3}{z_4} \cdot \dfrac{z_5}{z_6} \cdot n_s$, also wird $n_{sp} = \dfrac{z_1}{z_2}\left(n_s - \dfrac{z_3}{z_4} \cdot \dfrac{z_5}{z_6}\, n_s\right)$

$$= \frac{z_1}{z_2} \cdot n_s\left(1 - \frac{z_3}{z_4} \cdot \frac{z_5}{z_6}\right) \quad \text{und bei } n_s = 1 \quad n_{sp} = \frac{z_1}{z_2}\left(1 - \frac{z_3}{z_4} \cdot \frac{z_5}{z_6}\right)$$

$$= \frac{s_v}{h}; \quad s_v = \frac{z_1}{z_2} \cdot \left(1 - \frac{z_3}{z_4} \cdot \frac{z_5}{z_6}\right) \cdot h. \quad \text{Bei } z_1 = 18, \; z_2 = 72,$$

$h = 3$ wird $\dfrac{z_3}{z_4} \cdot \dfrac{z_5}{z_6} = 1 - \dfrac{4}{3}\, s_v$. Das Zahnradpaar 3/4 ist nicht auswechselbar. Nimmt man aus baulichen Gründen hierfür eine Übersetzung $1:4$ an, so wird schließlich

Abb. 38.

$$\frac{z_5}{z_6} = \left(1 - \frac{4}{3}\, s_v\right) \cdot \frac{4}{1} = 4 - \frac{16}{3}\, s_v \quad \text{und bei } s_v = 0{,}5 \quad \frac{z_5}{z_6} = 4 - \frac{16}{3} \cdot \frac{1}{2} = \frac{4}{3},$$

$$\text{bei } s_v = 1 \quad \frac{z_5}{z_6} = 4 - \frac{16}{3} \cdot 1 = -\frac{4}{3}, \qquad \text{bei } s_v = 1.5 \quad \frac{z_5}{z_6} = 4 - \frac{16}{3} \cdot \frac{3}{2} = -\frac{4}{1}.$$

(Die Minuszeichen bedeuten: Rad 1 läuft in anderer Richtung; es muß also zwischen 5 und 6 ein Zwischenrad eingefügt werden.)

7. *Beispiel.* Der bekannteste aller Differentialtriebe ist der dreirädrige Kegelradtrieb. wie er in vielen Werkzeugmaschinen und vor allem auch im Ausgleichsgetriebe des Kraftwagens (unter der Bezeichnung „Differential") zu finden ist.

In Abb. 39 treibt das Rad 1 über Zwischenrad 2/3 auf Kegelrad 4, wie man es z. B. bei Abwälzräderfräsmaschinen findet. Solange der Schneckentrieb S und damit der Rad 2/3 tragende Steg S_R feststeht, wird durch die Räder 1—2/3—4 nur der Drehsinn geändert, da $z_1 = z_4$. Erhält das Getriebe aber durch den Schneckentrieb eine zusätzliche Bewegung, so wird die Drehzahl des Rades 4 $n_4 = n_s\left(1 + \dfrac{z_1}{z_4}\right) - n_1 \dfrac{z_1}{z_4}$,

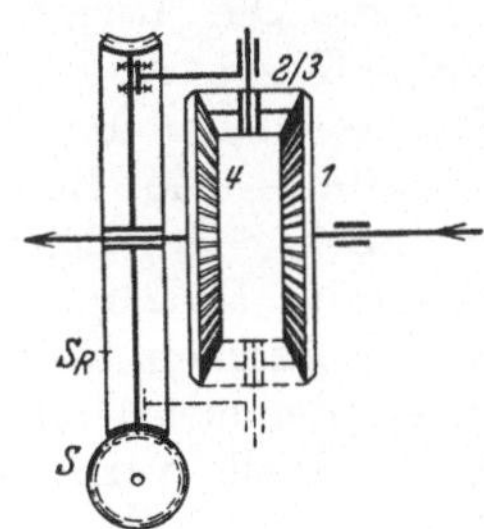

Abb. 39. Kegelräder-Differentialtrieb.

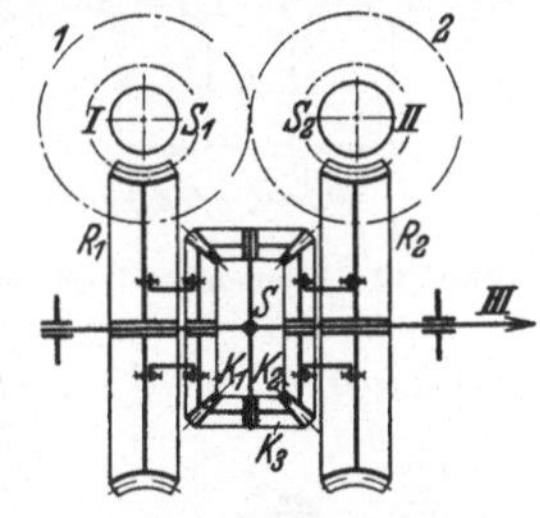

Abb. 40. Differentialtrieb mit Übersetzung $1:7320$.

wenn der Drehsinn gleichlaufend und $n_4 = n_s\left(1 + \dfrac{z_1}{z_4}\right) + n_1 \dfrac{z_1}{z_4}$, wenn er $(+\,n_s)$ und $(-\,n_1)$ ist. Bei $z_1 = z_4$ wird dann $n_4 = 2 n_s - n_1$ bzw. $n_4 = 2 n_s + n_1$. Meist wird zum Massenausgleich ein viertes, umlaufendes Rad (in Abb. 39 gestrichelt) eingebaut, das aber für die Übersetzungsrechnung ohne Einfluß bleibt.

8. *Beispiel.* Abb. 40 zeigt ein Getriebe für hohe Übersetzungen. Von Welle I wird über Zahnräder 1...2 auf Welle II getrieben. Die gleichen Schnecken auf I und II, S_1 und S_2 treiben die Schneckenräder R_1 und R_2, die die Kegelräder k_1 und k_2 tragen. Zwischen k_1 und k_2 liegen die Umlaufräder k_3, die über Steg s und Welle III ableiten. Trägt Rad 1 = 60 Zähne und Rad 2 = 61 Zähne, betragen die Schneckenübersetzungen $\dfrac{1}{60}$, so dreht sich bei $n_a = 1$

$$R_1 \text{ mit } n_{R_1} = \frac{S_1}{R_1} \cdot n_a = \frac{1}{60}, \quad R_2 \text{ mit } n_{R_2} = \frac{z_1}{z_2} \cdot \frac{S_2}{R_2} = -\frac{60}{61} \cdot \frac{1}{60} = -\frac{1}{61}. \quad \text{Die Kegelräder}$$

k_1, k_2, k_3 bilden einen Differentialtrieb mit $u = \dfrac{k_1}{k_3} \cdot \dfrac{k_3}{k_2} = 1$. Nun ist $n_4 = nk_2 = \dfrac{1}{60}$ und

$n_1 = nk_1 = -\dfrac{1}{61}$. Da $n_4 = 2n_s - n_1$, so wird $\dfrac{1}{60} = 2n_s + \dfrac{1}{61}$, $\quad 2n_s = \dfrac{1}{60} - \dfrac{1}{61} = \dfrac{1}{3660}$,

$n_s = \dfrac{1}{7320}$.

Anmerkung. Bei allen Umlauftrieben, besonders aber bei solchen mit höheren Drehzahlen, empfiehlt es sich, die Zahl der umlaufenden Räder zu verdoppeln, um durch die gegenüberliegenden Räder einen Massenausgleich zu erreichen. Die Berechnung der Triebe wird dadurch nicht beeinflußt.

Weitere Beispiele siehe Abb. 45 u. 113 und Bd. 3.

D. Wendegetriebe.

10. Riemenwendegetriebe. Zweck der Wendegetriebe ist das „Wenden" der Drehrichtung. Der Drehsinn soll wahlweise rechts- oder linksläufig eingestellt werden können, womit allerdings auch des öfteren eine Änderung der Drehzahl

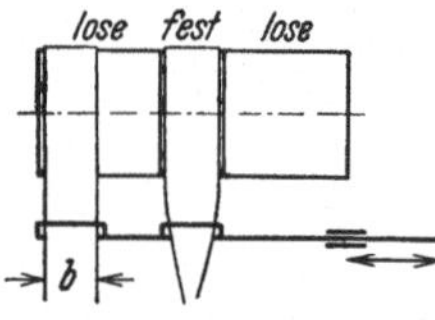

Abb. 41. Einfaches Riemenwendegetriebe.

verbunden wird. Man erreicht dies durch Riemenwendegetriebe, deren grundsätzliche Anordnung darin besteht, daß einmal ein offener und dann ein gekreuzter Riemen zum Antrieb benutzt wird. In Abb. 41 werden der offene und gekreuzte Riemen gleichzeitig auf Los- und Festscheibe verschoben. Hierbei müssen die Losscheiben die doppelte Riemenbreite haben, damit der offene und gekreuzte Riemen nicht gleichzeitig zum Antrieb kommen. Diese Ausführung bedingt daher eine erhebliche Baubreite (> 5 b) und außerdem größeren Riemenverschleiß. Man sollte daher diese Bauart nur dann anwenden, wenn nicht zu häufig umgesteuert wird. Die Baubreite und der Verschleiß können vermindert werden, wenn die Riemen nicht gleichzeitig, sondern nacheinander verschoben werden. Die Riemen werden hier durch eine Kurve (Abb. 42) (Entwurf der Kurve siehe Bd. 2, Kurventriebe) geschaltet. Die Baubreite wird nun nur noch > 3 b. Eine noch geringere Baubreite (> 2 b) erreicht man, wenn der Riemen nicht

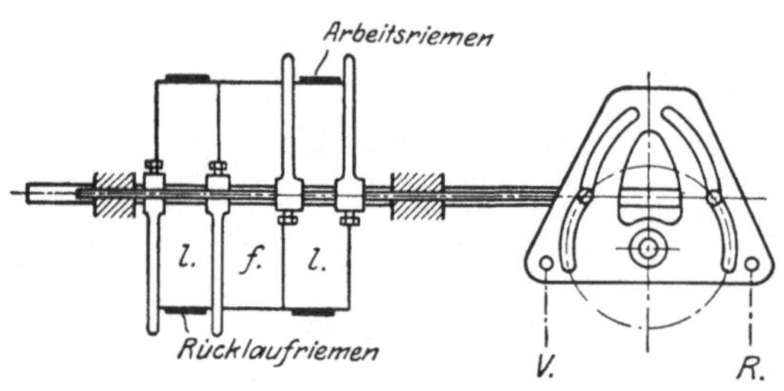

Abb. 42. Riemenwendegetriebe mit Kurvensteuerung.

verschoben wird, sondern die Losscheiben durch eine Reibungs- oder elektrische Kupplung mit der Welle verbunden werden.

Bei den Riemenwendegetrieben ist das Gewicht der Festscheiben möglichst gering zu halten, damit die umzusteuernden Massen möglichst klein werden (Leichtmetall!). Als Vorteil der Riemenumsteuerungen kann man anführen, daß sie infolge des Riemenschlupfes beim Umsteuern dämpfend wirken.

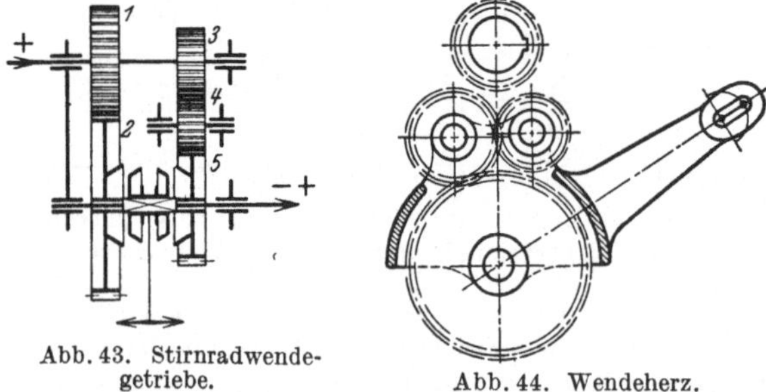

Abb. 43. Stirnradwendegetriebe.　　　Abb. 44. Wendeherz.

11. Zahnradwendegetriebe. Abb. 43 zeigt eine Bauart, bei der durch Schaltung zwei oder drei Räder in Eingriff gebracht werden. Hierbei besteht die Möglichkeit, für den Links- und Rechtsgang verschiedene Übersetzungen einzubauen. Einfacher und gedrungener in der Bauart ist jedoch die von der Drehbank her als „Wendeherz" bekannte Ausführung (Abb. 44). Sollen die beiden Drehrichtungen in der Drehzahl sehr verschieden sein, so werden statt der Räderketten aus Stirnrädern einerseits Schneckentrieb und andererseits Kegelräder eingebaut.

Langsamen Gang in der einen und Schnellgang in der anderen Richtung liefern auch Wendegetriebe mit Umlaufrädern. Abb. 45 zeigt ein solches Umkehrgetriebe für Hobelmaschinen, bei dem zwei Umlauftriebe hintereinandergeschaltet sind. Zwei Bremsen B_1 und B_2 sind vorgesehen: zieht man die Bremse B_1 an, so steht damit der Steg s_1 und das auf ihm sitzende Rad 26_2 fest. Der Antrieb geht von Rad 20_1 über Rad 40_1 auf das Innenrad 100_1, das sich nun drehen muß. Auf dem gleichen Kranz liegt das ebenfalls innenverzahnte Rad 100_2, das nun das Rad 37_2 gegen das feste Rad 26_2 und damit den Steg s_2 dreht. Bedeuten die Radzahlen die Zähnezahlen und ist $n_a = 750$ U, so wird für diesen Fall im ersten Trieb, der als festgelagerter Rädertrieb arbeitet,

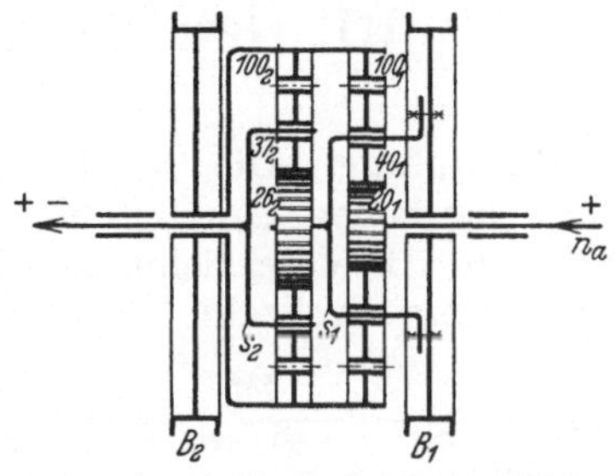

Abb. 45. Wendegetriebe mit Umlaufrädern.

$$n_{100_2} = -\frac{20_1}{100_1}\, n_a = -\frac{1}{5}\, 750 = -150 \text{ U.}$$

Der zweite Umlauftrieb arbeitet nach Fall b_2 bei Rad 2 = Rad 3; Rad $26_2 = 1$; Rad $100_2 = 4$. Es ist dann $n_{s_2} = \dfrac{n_{100_2}}{1+u} = \dfrac{-150}{1+\dfrac{26}{100}} = -119 \text{ U.}$

Wird nun Bremse B_2 angezogen, so stehen damit die Räder 100_1 und 100_2 fest. Im ersten Umlauftrieb wird jetzt Rad $20_1 = 4$ das Rad $40_1 = 2/3$ und damit den Steg s_1 gegen das feste Rad $100_1 = 1$ drehen (Fall b_1), und es wird

$$n_{s_1} = \frac{n_a}{1+u} = \frac{750}{1+\dfrac{100}{20}} = 125 \text{ U.}$$

Die gleiche Drehzahl hat Rad $26_2 = 4$, das über Rad $37_2 = 2/3$ gegen Rad $100_2 = 1$ den Steg s_2 dreht. Auch Fall b_1. Demnach $n_{s_2} = \dfrac{125}{1+\dfrac{100}{26}} = +25{,}8$.

Bei diesem zweiten Fall wird der Tisch der Hobelmaschine für den langsamen Arbeitsgang angetrieben, bei dem ersten Fall dagegen macht der Tisch den schnellen Rücklauf, daher der andere Drehsinn!

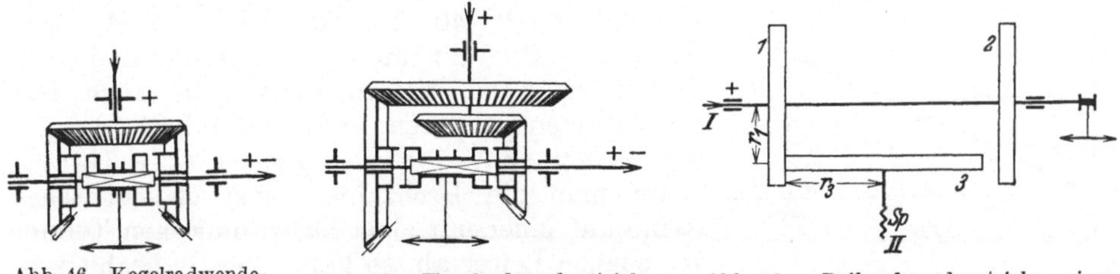

Abb. 46. Kegelradwendegetriebe.

Abb. 47. Kegelradwendegetriebe mit ungleichen Drehzahlen im Antrieb.

Abb. 48. Reibradwendegetriebe einer Spindelpresse.

Außerordentlich häufig werden die Kegelradwendegetriebe eingebaut, da sie sich im beschränkten Raum gut unterbringen lassen (Abb. 46). Auch hier kann man verschiedene Übersetzungen für Rechts- und Linkslauf erreichen (Abb. 47).

12. Reibradwendegetriebe sind gebräuchlich zur Umsteuerung an Spindelpressen (Abb. 48). Aber auch die einfachen Tellerreibradgetriebe lassen sich ohne weiteres als Wendegetriebe benutzen, wenn z. B. in Abb. 110 das Rollenrad über die Mitte des Tellerrades hinaus bewegbar angeordnet ist. Werden die Reibräder mit kegeligen Körpern ausgebildet, so werden sie in ähnlicher Art wie die Kegelradwendegetriebe benutzt. Bei den Reibradwendegetrieben werden die Stöße des Umsteuerns durch Rutschen oder Schlupf abgefangen, was sehr erwünscht sein kann, aber auch Verschleiß und Leistungsverlust bewirkt (siehe auch Abschnitt 25).

III. Getriebe mit mehreren Enddrehzahlen.

A. Grundlagen.

13. Stufung. Die in diesem Abschnitt beschriebenen Getriebe sollen aus einer gegebenen Antriebsdrehzahl n_a mehrere Enddrehzahlen n_1; n_2; $n_3 \ldots n_g$ erzeugen. (Die Bezeichnung wird hier immer so gewählt, daß n_g die größte, n_1 die kleinste Drehzahl bedeutet.) Die Größenordnung oder Stufung dieser Enddrehzahlen kann beliebig oder nach mathematischen Gesetzen durchgeführt sein, wobei zwei Reihen gebraucht werden.

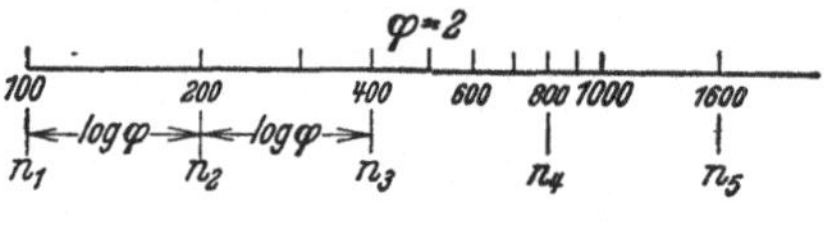

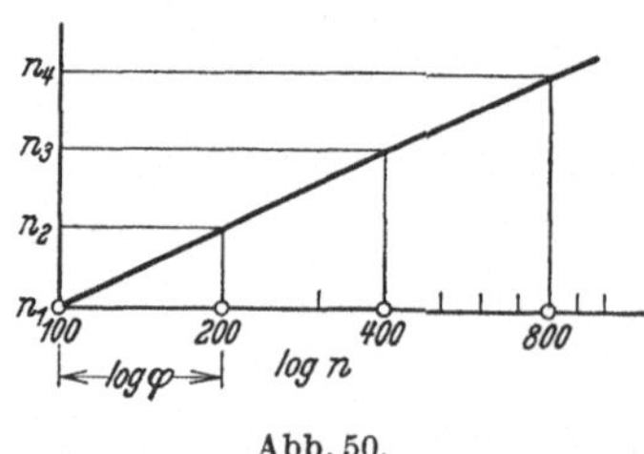
Abb. 49. Logarithmische Leiter.

Bei der selteneren Stufung nach der arithmetischen Reihe erhält man die Drehzahlen nach dem Gesetz:

$$n_1; \quad n_2 = n_1 + a; \quad n_3 = n_2 + a = n_1 + 2a \ldots n_g = n_{g-1} + a = n_1 + (g-1)a,$$

wenn g die Gangzahl oder die Zahl der Glieder bedeutet. Der Stufensprung a errechnet sich aus der Gleichung für n_g zu $a = \dfrac{n_g - n_1}{g - 1}$. Bei 8 Drehzahlen, $n_1 = 100$ und $a = 50$, würde die Reihe lauten: $n_2 = 100 + 50 = 150$; $n_3 = 150 + 50 = 200 \ldots n_g = 100 + 7 \cdot 50 = 450$.

Weitaus am häufigsten ist jedoch die Stufung nach der geometrischen Reihe. Sie wird nach dem Gesetz gebildet: n_1; $n_2 = n_1 \cdot \varphi$; $n_3 = n_2 \cdot \varphi = n_1 \cdot \varphi^2$; $n_4 = n_3 \cdot \varphi = n_1 \varphi^3$ oder allgemein: $\quad n_g = n_{g-1} \cdot \varphi = n_1 \cdot \varphi^{g-1},$ (36) wenn g wieder die Gliedzahl darstellt. Man bezeichnet φ als den Stufensprung oder Quotienten der Reihe, der sich nach der letzten Gleichung 36 errechnet zu

$$\varphi = \sqrt[g-1]{\frac{n_g}{n_1}}. \tag{37}$$

Die geometrische Reihe entsteht also durch Multiplikation eines Gliedes mit einem Stufensprung; Beispiel: $g = 5$, $n_1 = 20$; $\varphi = 2$. Es wird: $n_1 = 20$; $n_2 = 20 \cdot 2 = 40$; $n_3 = 20 \cdot 2^2$ oder $40 \cdot 2 = 80 \ldots n_g = 20 \cdot 2^4 = 320$.

Statt das Produkt aus der Drehzahl und dem Stufensprung zu bilden, kann man auch ihre Logarithmen addieren und man erhält: $\lg n_2 = \lg n_1 + \lg \varphi$; $\lg n_3 = \lg n_2 + \lg \varphi = \lg n_1 + 2 \lg \varphi \ldots$ Trägt man die Drehzahlen einer geometrischen Reihe auf einer mit einer logarithmischen Teilung versehenen Leiter ab, so haben die Drehzahlen die gleichen Abstände (Abb. 49). Man kann diese

Abb. 50.

Eigenschaft der geometrischen Reihe zur Prüfung benutzen: in Abb. 50 werden die Drehzahlen auf der Senkrechten in gleichen Abständen und auf der Waagerechten mit logarithmischer Teilung abgetragen. Die Drehzahlen müssen nun alle auf einer Geraden liegen.

Zwei Vorteile der geometrischen Reihe führten zu ihrer fast ausschließlichen Verwendung:

a) Die Drehzahlen lassen sich beim Aufbau der Getriebe durch Vervielfältigung erzeugen. Sollen z. B. die mit $\varphi = 2$ gestuften Drehzahlen 100—200—400—800 erreicht werden, so kann man aus 800 und 400 durch eine Übersetzung 1 : 4 die Drehzahlen 200 und 100 erhalten oder auch aus 800 und 200 mittels einer Übersetzung 1 : 2 die Drehzahlen 400 und 100, was für den Aufbau der Getriebe sehr wesentlich wird. (Bei der arithmetischen Reihe z. B. 100—200—300—400 ist das nicht möglich. Aus 400 und 300 wird bei Übersetzung 1 : 2 jetzt 200 und 150 (!) oder aus 400 und 200 bei der gleichen Übersetzung 200 und 100, aber nicht 300 und 100 usf.)

b) Die geometrisch gestuften Drehzahlen erzeugen bei Werkzeugmaschinen gleichen Schnittgeschwindigkeitsabfall beim Übergang von Drehzahl zu Drehzahl.

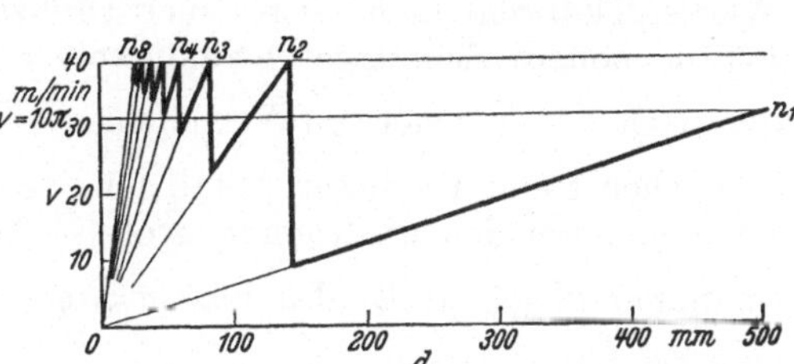

Abb. 51. Sägenschaubild bei Stufung nach arithmetrischer Reihe.

Die verschiedenen Drehzahlen werden bei den Werkzeugmaschinen bedingt durch die verschiedenen Werkstückdurchmesser d bei einer jeweils zu wählenden Schnittgeschwindigkeit v. Es ist nun wesentlich, daß bei dem Übergang von einer Drehzahlstufe zur nächst niedrigeren der Unterschied in der Schnittgeschwindigkeit immer verhältnisgleich ist. Diese Zusammenhänge zwischen v, d und n zeigt das „Sägenschaubild" auf. Man trägt hierbei (Abb. 51, 52) auf der Waagerechten den Werkstückdurchmesser d in mm und auf der Senkrechten die Schnittgeschwindigkeit v in m/min auf. Aus (1) errechnet sich dann $d = \dfrac{1000 \cdot v}{\pi \cdot n}$. (Zum Eintragen der Drehzahlen vereinfacht man die Rechenarbeit dadurch, daß man für v ein Vielfaches von π wählt, z.B. $v = 10\,\pi$. Dann wird die Gleichung

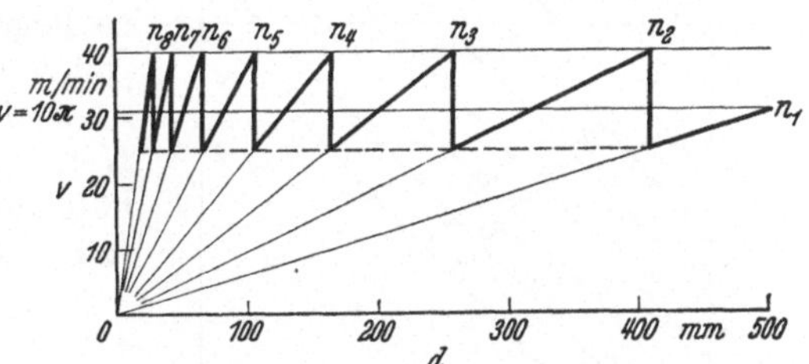

Abb. 52. Sägenschaubild bei Stufung nach geometrischer Reihe.

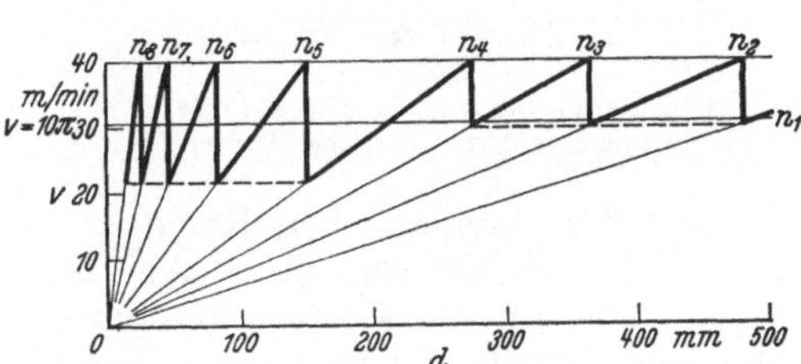

Abb. 53. Sägenschaubild bei Stufung nach geometrischer Auswahlreihe.

$$d = \frac{1000 \cdot 10\,\pi}{\pi \cdot n} = \frac{10\,000}{n}.\Big)$$ Man erhält nun die Lage der n-Geraden, indem man nacheinander in diese Gleichung die Werte für n einsetzt und den zu $v = 10\,\pi = 31{,}4$ zugehörigen Wert für d findet.

9. Beispiel. Die kleinste Drehzahl einer 8stufigen Reihe sei $n_1 = 20$, die größte $n_g = n_8$ $= 510$ U/min. Die Reihe soll arithmetisch und geometrisch aufgeteilt und im Sägendiagramm dargestellt werden.

Für die arithmetische Reihe wird $a = \dfrac{510 - 20}{7} = 70$. Demnach werden $n_1 = 20$; $n_2 = 90$; $n_3 = 160$; $n_4 = 230$; $n_5 = 300$; $n_6 = 370$; $n_7 = 440$; $n_8 = 510$. Bei $d = \dfrac{10\,000}{n}$ wird nun $d_1 = \dfrac{10\,000}{20} = 500$; $d_2 = \dfrac{10\,000}{90} = 111 \ldots d_3 = 62{,}5$; $d_4 = 43{,}5$; $d_5 = 33{,}3$; $d_6 = 27$; $d_7 = 22{,}7$; $d_8 = 19{,}6$. Durch die Punkte $d_1 = 500$ und $v = 31{,}4$ geht nun die Gerade für n_1 durch $d_2 = 111$ und $v = 31{,}4$ die Gerade für n_2 usf. (Abb. 51).

Bei der geometrischen Reihe wird nach (37) $\varphi = \sqrt[7]{\dfrac{510}{20}} = 1{,}588$. Demnach: $n_1 = 20$; $n_2 = 31{,}78$; $n_3 = 50{,}4$; $n_4 = 80{,}1$; $n_5 = 127$; $n_6 = 202{,}6$; $n_7 = 321$; $n_8 = 510$. Ferner wird: $d_1 = 500$; $d_2 = 315$; $d_3 = 198{,}5$; $d_4 = 125$; $d_5 = 78{,}8$; $d_6 = 49{,}5$; $d_7 = 31{,}1$; $d_8 = 19{,}6$ (Abb. 52).

Zieht man nun von dem Schnittpunkt der n-Geraden mit der Waagerechten $v = 40$ immer die Senkrechten auf die nächsten n-Geraden, so erhält man den „Schnittgeschwindigkeitsabfall", der also entstände, wenn man bei dem gleichen Werkstückdurchmesser von einer Drehzahl auf die nächst niedrigere überginge. Ist die höhere Schnittgeschwindigkeit v und die niedere v_1, so wird der Abfall demnach $v - v_1$ oder im Verhältnis $\dfrac{v - v_1}{v}$ bzw. $\dfrac{v - v_1}{v} \cdot 100\%$. Bei der arithmetischen Reihe ist dieser Abfall sehr verschieden — bei den höheren Drehzahlen klein und bei den niedrigeren groß — bei der geometrischen Reihe dagegen ist er immer gleich groß. Da hier $v = \varphi \cdot v_1$ ist, so wird der Abfall auch $\dfrac{v - v_1}{v} = \dfrac{\varphi \cdot v_1 - v_1}{\varphi \cdot v_1} = \dfrac{\varphi - 1}{\varphi}$; ist also nur abhängig von dem Stufensprung φ. Ver-

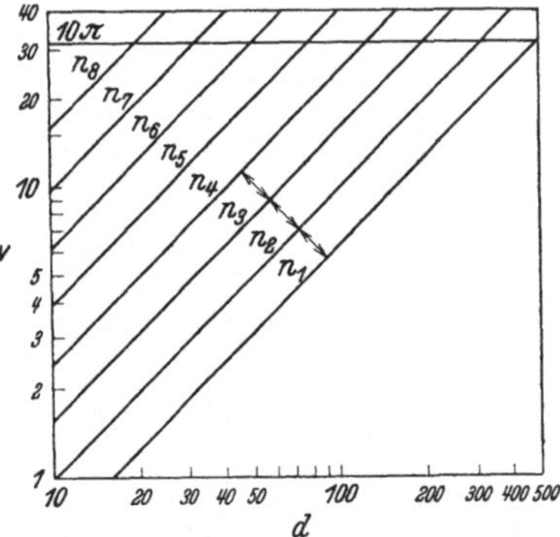

Abb. 54. Logarithmisches Sägenschaubild
bei Stufung nach geometrischer Reihe.

bindet man die Fußpunkte der Senkrechten, so liegen sie alle auf einer waagerechten Geraden (Nachprüfung!).

Stellt man die geometrische Reihe in einem Netz mit logarithmischer Teilung dar, so erhält man für die n-Geraden statt eines Geradenbüschels parallele Geraden. Das Kenn-

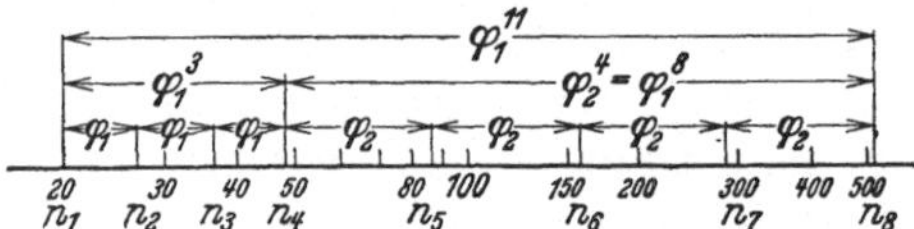

Abb. 55.
Entstehung der geometrischen Auswahlreihe.

zeichen der geometrischen Reihe ist dann hier, daß der Abstand der Geraden immer der gleiche sein muß (Abb. 54). Die Tatsache, daß bei der geometrischen Reihe für die kleinen Durchmesser, also für die höheren Drehzahlen eine Häufung auftritt, führte zu den Vorschlägen einer geometrischen Auswahlreihe und einer logarithmischen Stufung. Bei jener wird die Reihe geometrisch gestuft, aber es werden zwei Stufensprünge gewählt, φ_1 für die kleinen Drehzahlen und $\varphi_2 = \varphi^2_1$ für die größeren. Bei dem vorstehenden Beispiel mit $n_1 = 20$ und $n_8 = 510$ würde dann, wenn die vier höheren Drehzahlen $n_5 \ldots n_8$ mit φ_2, die Drehzahlen $n_1 \ldots n_4$ mit φ_1 gestuft werden, $n_8 = \varphi_1^{8+3} \cdot n_1 = \varphi_1^{11} \cdot n_1$ und demnach $\varphi_1 = \sqrt[11]{\dfrac{510}{20}} = 1{,}342$; $\varphi_2 = \varphi^2_1 = 1{,}802$. Die Reihe lautete: $n_1 = 20$; $n_2 = 26{,}9$; $n_3 = 36{,}2$; $n_4 = 48{,}6$; $n_5 = 87{,}6$; $n_6 = 157$; $n_7 = 283$; $n_8 = 510$. In Abb. 55 sind diese Drehzahlen auf einer logarithmischen Leiter aufgetragen, um die Entstehung dieser Reihe zu verdeutlichen. Aus den Drehzahlen werden wieder die Durchmesser errechnet, und man erhält dann das Sägenschaubild Abb. 53. Die geometrische Auswahlreihe läßt sich auch durch Vervielfältigung aus einer Grundreihe erzeugen (siehe Beispiel 19 S. 59).

Die logarithmische Stufung benutzt einen Stufensprung, der bei den niederen Drehzahlen klein, bei den höheren Drehzahlen nach bestimmten Gesetzen größer wird. Wenn die logarithmische Stufung auch in bezug auf die wirtschaftliche Ausnutzung der Werkzeugmaschinen vorteilhaft wäre, so hat sie doch den gleichen Nachteil wie die arithmetische Reihe, daß sich ihre Drehzahlen nicht durch Vervielfältigung aus einer Grundreihe erzeugen lassen.

14. Normung. Wegen der erwähnten Vorteile wurde die geometrische Reihe als Grundlage für die Drehzahlnormung gewählt. Die Drehzahlnormung bezieht sioh auf die Normung der Stufensprünge, der Drehzahlen, der Lastdrehzahlen der Wellenleitungen (Tabelle 2 S. 26), der Leerlaufdrehzahlen der Elektromotoren (in Tabelle 2 durch Dickdruck hervorgehoben). Die Normdrehzahlen sind Leerlaufdrehzahlen. Unter Last fallen diese Drehzahlen, je nach der Zahl der Zwischenglieder usf. um etwa 6% ab. Es errechnet sich daher die zugehörige Lastdrehzahl n_{Last} aus der Leerlaufdrehzahl n_{Leer} zu $n_{Last} \approx 0{,}94\, n_{Leer}$.

Für den Gebrauch an Werkzeugmaschinen kommen hauptsächlich die Stufensprünge $1{,}26 \left(= \sqrt[3]{2}\right)$; $1{,}41 \left(- \sqrt[2]{2}\right)$ und $1{,}58$ in Frage. Bezeichnet man das Verhält-

<table>
<tr><td></td><td>$R_{Ma} \approx$</td><td>Stufen-
zahl</td></tr>
<tr><td>Drehbänken, mittlerer Größe</td><td>40 ... 60</td><td>12 ... 18</td></tr>
<tr><td>Revolver . . . .</td><td>20 ... 60</td><td>12 ... 18</td></tr>
<tr><td>Bohrmaschinen, mittlere . . .</td><td>8 ... 12</td><td>6 ... 9</td></tr>
<tr><td>   „   Radial . . .</td><td>20 ... 70</td><td>12 ... 36</td></tr>
<tr><td>Bohr- und Fräswerke . . . .</td><td>25 ... 100</td><td>12 ... 18</td></tr>
<tr><td>Fräsmaschinen . . . .</td><td>20 ... 30</td><td>8 ... 12</td></tr>
<tr><td>Stoßmaschinen . . . .</td><td>8 ... 12</td><td>3 ... 6</td></tr>
</table>

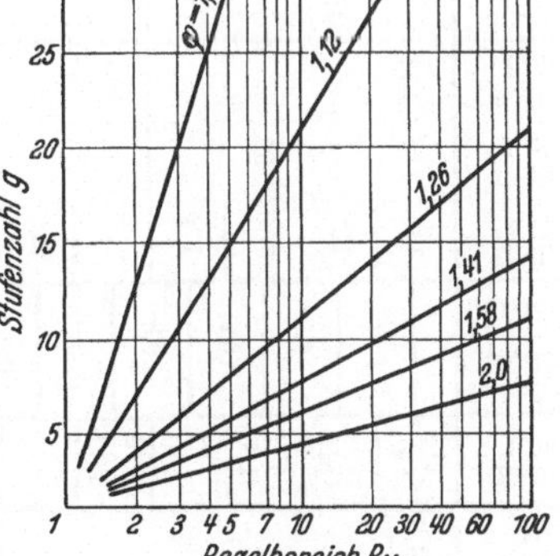

Abb. 56. Regelbereich, Stufensprung und Stufenzahl.

nis der größten zur niedrigsten Drehzahl im Abtrieb einer Maschine als ihren Regelbereich R_{Ma}, so wird

$$R_{Ma} = \frac{n_g}{n_1} = \frac{n_1 \cdot \varphi^{g} - 1}{n_1} = \varphi^{g} - 1. \qquad (38)$$

(Bei der geometrischen Auswahlreihe mit der Stufenzahl g_1 für φ_1 und g_2 für $\varphi_2 = \varphi_1{}^2$ wird der Bereich $R_{Ma} = \varphi_1^{g_1 - 1} \cdot \varphi_2^{g_2}$ oder $R_{M}{}^{v} = \varphi_1^{2 g_2 + g_2 - 1}$.) $\qquad (39)$

Abb. 56 zeigt den Zusammenhang zwischen dem Regelbereich, dem Stufensprung und der Stufenzahl. Mittlere Bereiche der Werkzeugmaschinen zeigt obenstehende Aufstellung.

B. Stufenscheiben.

15. Stufenscheibentriebe. Das älteste Getriebe zur Erzeugung mehrerer Drehzahlen bei einer Antriebsdrehzahl ist der Stufenscheibentrieb. Bei diesem kann der Riemen auf Scheiben verschiedener Durchmesser gelegt werden, wodurch dann die Übersetzung geändert wird. Bedingung ist, daß der Riemen bei allen Lagen die gleiche Spannung hat. Das wird erreicht — bei Achsenabständen $A > 10 \cdot (d_g - d_k)$ —, wenn bei allen Riemenlagen die Summe der gegenüberliegenden Durchmesser gleich bleibt. Für Abb. 57 besteht demnach die „Summengleichung" $S = d_1 + d_2 = d_3 + d_4 = d_5 + d_6$. Sind die gewünschten Enddrehzahlen auf Welle II n_1, n_2, n_3 und die Antriebsdrehzahl auf Welle I n_a, so bestehen für die Durchmesser außerdem die Übersetzungsgleichungen nach (2):

$$\frac{d_1}{d_2} = \frac{n_3}{n_a}; \quad \frac{d_3}{d_4} = \frac{n_2}{n_a}; \quad \frac{d_5}{d_6} = \frac{n_1}{n_a}.$$

Um nun die Durchmesser zu berechnen, muß ein Durchmesser angenommen werden. Meist ist der größte oder der kleinste Durchmesser auf der Maschine durch bauliche Bedingungen festgelegt. Ist z. B. d_6 gegeben, so wird demnach

Tabelle 2. VDW-Richtwerte für Leerlaufdrehzahlen bei Werkzeugmaschinen und Getrieben.

(Wide single table, reproduced here in its four decade column-groups.)

Decade 1:

Reihe 1,06	Reihe 1,12	Reihe 1,26	Reihe 1,58	Reihe 1,41	Reihe 2,0
1,18	1,18	1,18	1,18		
1,25					
1,32	1,32				
1,40					
1,50	1,5	1,5		1,5	1,5
1,60					
1,70	1,7				
1,80					
1,90	1,9	1,9	1,9		
2,00					
2,10	2,1			2,1	
2,25					
2,35	2,35	2,35			
2,50					
2,65	2,65				
2,80					
3,00	3,0	3,0	3,0	3,0	3,0
3,15					
3,35	3,35				
3,55					
3,75	3,75	3,75			
4,00					
4,20	4,2			4,2	
4,50					
4,75	4,75	4,75	4,75		
5,00					
5,30	5,3				
5,60					
6,00	6,0	6,0		6,0	6,0
6,30					
6,70	6,7				
7,10					
7,50	7,5	7,5	7,5		
8,00					
8,50	8,5			8,5	
9,00					
9,50	9,5	9,5			
10,00					
10,50	10,5				
11,20					

Decade 2:

Reihe 1,06	Lastdrehzahlen v. Transmissionen	Reihe 1,12	Reihe 1,26	Reihe 1,58	Reihe 1,41	Reihe 2,0
11,8		11,8	11,8	11,8	11,8	11,8
12,5						
13,2		13,2				
14,0						
15,0		15	15			
16,0						
17,0		17			17	
18,0						
19,0		19	19	19		
20,0						
21,0		21				
22,5						
23,5		23,5	23,5		23,5	23,5
25,0	25					
26,5		26,5				
28,0	28					
30,0		30	30	30		
31,5	32 (31,5)					
33,5		33,5			33,5	
35,5	36 (35,5)					
37,5		37,5	37,5			
40,0	40					
42,0		42				
45,0	45					
47,5		47,5	47,5	47,5	47,5	47,5
50,0	50					
53,0		53				
56,0	56					
60,0		60	60			
63,0	63					
67,0		67			67	
71,0	71					
75,0		75	75	75		
80,0	80					
85,0		85				
90,0	90					
95,0		95	95		95	95
100,0	100					
105,0		105				
112,0	112					

Decade 3:

Reihe 1,06	Lastdrehzahlen v. Transmissionen	Reihe 1,12	Reihe 1,26	Reihe 1,58	Reihe 1,41	Reihe 2,0
118		118	118	118		
125	125					
132		132			132	
140	140					
150		150	150			
160	160					
170		170				
180	180					
190		190	190	190	190	190
200	200					
210		210				
225	225					
235		235	235			
250	250					
265		265			265	
280	280					
300		300	300	300		
315	320 (315)					
335		335				
355	360 (355)					
375		375	375		375	375
400	400					
420		420				
450	450					
475		475	475	475		
500	500					
530		530			530	
560	560					
600		600	600			
630	630					
670		670				
710	710					
750		750	750	750	750	750
800	800					
850		850				
900	900					
950		950	950			
1000	1000					
1050		1050			1050	
1120	1120					

Decade 4:

Reihe 1,06	Lastdrehzahlen v. Transmissionen	Reihe 1,12	Reihe 1,26	Reihe 1,58	Reihe 1,41	Reihe 2,0
1180		1180	1180	1180		
1250	1250					
1320		1320				
1400	1400					
1500		1500	1500		1500	1500
1600	1600					
1700		1700				
1800						
1900		1900	1900	1900		
2000						
2100		2100			2100	
2250						
2350		2350	2350			
2500						
2650		2650				
2800						
3000		3000	3000	3000	3000	3000
3150						
3350		3350				
3550						
3750		3750	3750			
4000						
4200		4200			4200	
4500						
4750		4750	4750	4750		
5000						
5300		5300				
5600						
6000		6000	6000		6000	6000
6300						
6700		6700				
7100						
7500		7500	7500	7500		
8000						
8500		8500			8500	
9000						
9500		9500	9500			
10000						
10500		10500				
11200						

Anm.: Fettgedruckte Zahlen in Reihe 1,06 sind Leerlaufdrehzahlen d. El[...]

nach (2): $d_5 = \dfrac{n_1}{n_a} \cdot d_6$. Für die Durchmesser d_3 und d_4 bestehen jetzt die zwei Gleichungen: $\dfrac{d_3}{d_4} = \dfrac{n_2}{n_a}$ und $d_3 + d_4 = d_5 + d_6 = S$. Aus der ersten wird $d_3 = \dfrac{n_2}{n_a} \cdot d_4$ eingesetzt in die zweite: $d_4\left(\dfrac{n_2}{n_a} + 1\right) = S$; $d_4 = \dfrac{S}{\dfrac{n_2}{n_a} + 1}$. Nach Berechnung von d_4 wird dann $d_3 = S - d_4$. Entsprechend wird $d_2 = \dfrac{S}{\dfrac{n_3}{n_a} + 1}$ und $d_1 = S - d_2$.

Diese Berechnung gilt allgemein für alle Stufungsarten. Nach Möglichkeit werden die Stufenscheiben mit gleichen Durchmessern ausgeführt, so daß also in Abb. 57 $d_5 = d_2$; $d_3 = d_4$; $d_1 = d_6$ wird. Aus dieser Bedingung folgt, daß man nunmehr in der Wahl der Antriebsdrehzahl gebunden ist: Da $d_3 = d_4$ werden soll, muß $n_a = n_2$ werden. Für derartige Scheiben nehmen dann die Gleichungen folgende Formen an:

$S = d_1 + d_3 = d_2 + d_2 = 2 d_2 = d_1 + d_3$ und

$\dfrac{d_3}{d_1} = \dfrac{n_1}{n_a}$; $\dfrac{d_2}{d_2} = \dfrac{n_2}{n_a} = \dfrac{1}{1}$; $\dfrac{d_1}{d_3} = \dfrac{n_3}{n_a}$. Ist die Abstufung der Enddrehzahlen geometrisch, also $n_2 = n_1 \cdot \varphi$; $n_3 = n_1 \cdot \varphi^2$, so wird durch Einsetzen in obige Gleichung: $\dfrac{d_3}{d_1} = \dfrac{n_1}{n_a}$; $\dfrac{d_1}{d_3} = \dfrac{n_1 \cdot \varphi^2}{n_a}$. Dividiert man beide Gleichungen durcheinander: $\dfrac{d_3}{d_1} \cdot \dfrac{d_3}{d_1} = \dfrac{n_1}{n_a} \cdot \dfrac{n_a}{n_1 \cdot \varphi^2}$; $\dfrac{d_3{}^2}{d_1{}^2} = \dfrac{1}{\varphi^2}$; $\dfrac{d_3}{d_1} = \dfrac{1}{\varphi}$ und umgekehrt auch: $\dfrac{d_1}{d_3} = \dfrac{\varphi}{1}$.

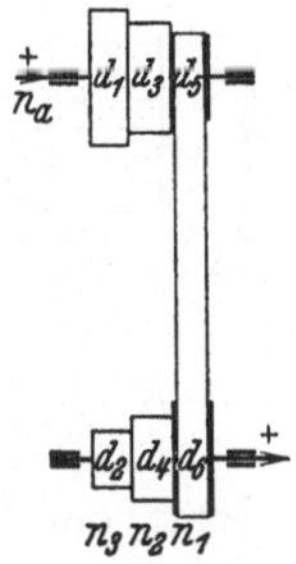

Abb. 57.
Antrieb durch Stufenscheibe.

Führt man diese Rechnung auch für die 2- und 4stufige Scheibe durch, so erhält man die Gleichungen für die Übersetzungen, wie sie in Tabelle 3 S. 29 angeführt sind. Sie gelten aber nur dann, wenn die Stufenscheiben gleiche Abmessungen haben und die Enddrehzahlen geometrisch gestuft sind.

Als einen Sonderfall der Stufenscheibentriebe kann man Getriebe ansehen, bei denen die treibende Scheibe zylindrisch wird und nur einen Durchmesser hat, also $d_1 = d_3 = d_5$. Da hier der Bedingung nach der Summengleichung natürlich nicht entsprochen werden kann, muß ein Riemenspanner eingebaut werden. Die Übersetzungsgleichung nimmt die Form an: $\dfrac{d_1}{d_2} = \dfrac{n_3}{n_a}$; $\dfrac{d_1}{d_4} = \dfrac{n_2}{n_a}$; $\dfrac{d_1}{d_6} = \dfrac{n_1}{n_a}$. Sind auch hier n_1; n_2; n_3 geometrisch gestuft, so wird $\dfrac{d_1}{d_2} = \dfrac{n_1 \cdot \varphi^2}{n_a}$; $\dfrac{d_1}{d_4} = \dfrac{n_1 \varphi}{n_a}$; $\dfrac{d_1}{d_6} = \dfrac{n_1}{n_a}$. Setzt man $d_1 = \dfrac{n_1}{n_a} \cdot d_6$ ein, so wird $\dfrac{d_6}{d_4} = \dfrac{n_a}{n_1} \cdot \dfrac{n_1 \varphi}{n_a} = \dfrac{\varphi}{1}$ oder $d_4 = \dfrac{d_6}{\varphi}$ und $\dfrac{d_6}{d_2} = \dfrac{n_a}{n_1} \cdot \dfrac{n_1 \varphi^2}{n_a} = \dfrac{\varphi^2}{1}$ oder $d_2 = \dfrac{d_6}{\varphi^2} = \dfrac{d_4}{\varphi}$, d. h. bei einem derartigen Getriebe müssen die Durchmesser mit dem gleichen Stufensprung abgestuft sein wie die Drehzahlen.

Der Zusammenhang zwischen der Übersetzung des treibenden und getriebenen Durchmessers mit der Summengleichung kann zeichnerisch durch eine Kurve dargestellt werden (Abb. 58). Die Waagerechte zeigt das Übersetzungsverhältnis, die Senkrechte links die Größe des treibenden, rechts des getriebenen Durchmessers, ausgedrückt als Vielfaches der Summe S der Durchmesser. Wenn die Darstellung auch zur Berechnung der Durchmesser wegen zu großen Fehlers kaum benutzt werden kann, so zeigt sie doch, daß die Kurve innerhalb der Übersetzungen $\dfrac{1}{3}$ bis $\dfrac{3}{1}$ $\left(\text{genauer zwischen } \dfrac{1}{2} \text{ bis } \dfrac{2}{1}\right)$ etwa eine Gerade ist. Sucht man geometrisch gestufte Übersetzungen auf, so findet man für die Differenz D zweier benachbarter Durchmesser $D \approx 0,56\,S\,\lg\varphi$, d. h. der Unterschied zwischen den benachbarten Durchmessern (also in Abb. 57 $D = d_5 - d_3 = d_3 - d_1$) ist bei geometrischer Drehzahlstufung innerhalb des Bereiches $\frac{1}{3}$ bis $\frac{3}{1}$ annähernd gleich.

16. Erweiterung durch Vorgelege. Mit den Stufenscheibentrieben (Tafel 3) konnten etwa bis zu 5 Drehzahlen erzeugt werden. Werden mehr verlangt, so empfiehlt es sich meist nicht, die Zahl der Stufenscheibendurchmesser zu erhöhen, sondern durch ein Vorgelege die Drehzahlen zu vervielfachen. In Abb. 59 liegen zwischen der Transmission und dem Deckenvorgelege 2 Riemen, die durch Schalten der Kupplung wahlweise angetrieben werden können. Vom Vorgelege zur Maschine kann man durch Riemenumlegen auf der Stufenscheibe drei Drehzahlen erzeugen, so daß insgesamt $2 \cdot 3 = 6$ Drehzahlen zur Verfügung stehen. Die einzelnen Wege wären:

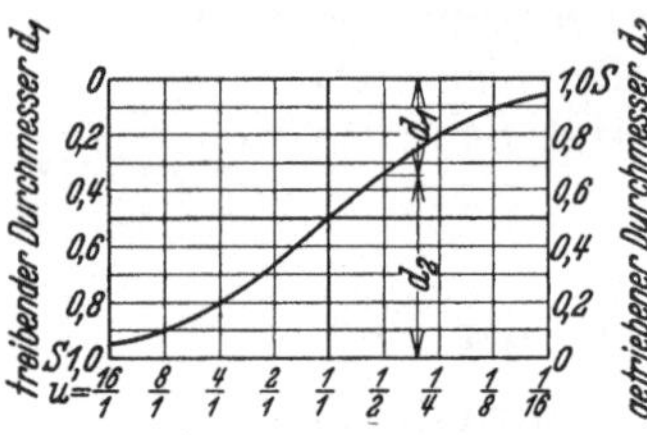

Abb. 58. Durchmesser abhängig von der Übersetzung.

$$n_6 = \frac{d_1'}{d_2'} \cdot \frac{d_1}{d_3} \cdot n_a, \qquad n_3 = \frac{d_3'}{d_4'} \cdot \frac{d_1}{d_3} \cdot n_a,$$

$$n_5 = \frac{d_1'}{d_2'} \cdot \frac{d_2}{d_2} \cdot n_a, \qquad n_2 = \frac{d_3'}{d_4'} \cdot \frac{d_2}{d_2} \cdot n_a,$$

$$n_4 = \frac{d_1'}{d_2'} \cdot \frac{d_3}{d_1} \cdot n_a, \qquad n_1 = \frac{d_3'}{d_4'} \cdot \frac{d_3}{d_1}\, n_a.$$

Setzt man $n_4 = n_1 \cdot \varphi^3$ und dividiert z. B. die Gleichungen für n_4 und n_1, so erhält man $\dfrac{n_4}{n_1} = \dfrac{n_1 \cdot \varphi^3}{n_1} = \dfrac{d_1'}{d_2'} \cdot \dfrac{d_3}{d_1} \cdot n_a \cdot \dfrac{d_4'}{d_3'} \cdot \dfrac{d_1}{d_3} \cdot \dfrac{1}{n_a}$ oder $\dfrac{\varphi^3}{1} = \dfrac{d_1'}{d_2'} \cdot \dfrac{d_4'}{d_3'}$ oder $\dfrac{d_1'}{d_2'}$ $= \varphi^3 \cdot \dfrac{d_3'}{d_4'}$, d. h. um eine geometrische Reihe zu erhalten, müssen die Übersetzungen zwischen Transmission und Deckenvorgelege in einem bestimmten Verhältnis stehen, das abhängig ist von dem Stufensprung.

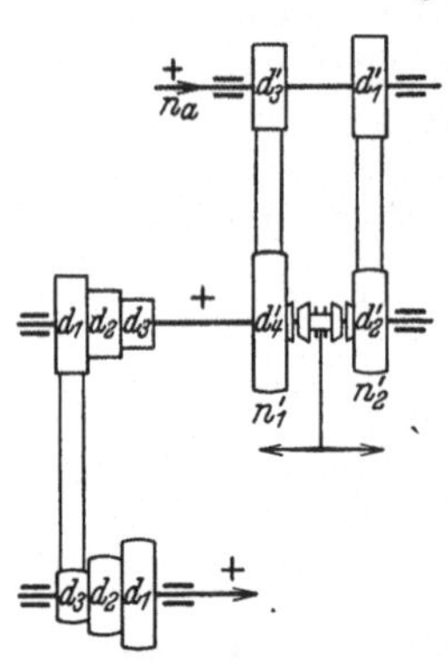

Abb. 59. Stufenscheibentrieb mit 2 Drehzahlen im Deckenvorgelege.

Sollen die Scheiben zwischen Vorgelege und Maschine gleiche Abmessungen haben, so folgt aus den Gleichungen für n_2 und n_5, daß die Antriebsdrehzahl n_a wieder nicht beliebig gewählt werden kann. Sondern sie wird: $n_a = n_5 \cdot \dfrac{d_2'}{d_1'}$ oder $n_a = n_2 \cdot \dfrac{d_4'}{d_3'}$. $\Big($Da nun $n_5 = n_1 \cdot \varphi^4$ und $n_2 = n_1\varphi$, so wird $n_a = n_1 \varphi^4 \cdot \dfrac{d_2'}{d_1'} = n_1 \varphi \cdot \dfrac{d_4'}{d_3'}$ $\varphi^3 \dfrac{d_2'}{d_1'} = \dfrac{d_4'}{d_3'}$ oder wie oben $\dfrac{d_1'}{d_2'} = \varphi^3 \cdot \dfrac{d_3'}{d_4'}.\Big)$

(Die 6 Stufen könnten auch auf anderem Wege erreicht werden:

$$n_6 = \frac{d_1'}{d_2'} \cdot \frac{d_1}{d_3}\, n_a \quad\Big|\quad n_4 = \frac{d_1'}{d_2'} \cdot \frac{d_2}{d_2}\, n_a \quad\Big|\quad n_2 = \frac{d_1'}{d_2'} \cdot \frac{d_3}{d_1} \cdot n_a$$

$$n_5 = \frac{d_3'}{d_4'} \cdot \frac{d_1}{d_3}\, n_a \quad\Big|\quad n_3 = \frac{d_3'}{d_4'} \cdot \frac{d_2}{d_2} \cdot n_a \quad\Big|\quad n_1 = \frac{d_3'}{d_4'} \cdot \frac{d_3}{d_1} \cdot n_a.$$

Setzt man jetzt z. B. $n_2 = n_1 \cdot \varphi$ und dividiert die Gleichung für n_2 und n_1, so erhält man $\dfrac{n_2}{n_1} = \dfrac{n_1 \varphi}{n_1} = \dfrac{d_1'}{d_2'} \cdot \dfrac{d_4'}{d_3'}$; $\quad \varphi = \dfrac{d_1'}{d_2'} \cdot \dfrac{d_4'}{d_3'}$ oder $\dfrac{d_1'}{d_2'} = \varphi \cdot \dfrac{d_3'}{d_4'}.\Big)$

10. Beispiel. Eine Maschine soll 8 Drehzahlen erhalten, $n_1 = 40$, $n_8 = 500$. Der größte Durchmesser auf der Maschine soll $d_8 = 280$ mm werden. Es sind die Durchmesser für einen Antrieb nach Abb. 59 zu berechnen, wenn die Wellenleitung $n_a = 350$ U/min macht.

Lösung. In Abb. 59 denke man sich statt der dreistufigen Scheiben vierstufige mit den Durchmessern $d_1 \ldots d_8$. Die zu erreichende Drehzahlreihe erhält man mit der Gleichung (37) aus $\varphi = \sqrt[7]{\dfrac{500}{40}} = 1{,}434$. Sie lautet: $n_1 = 40$; $n_2 = 57{,}4$; $n_3 = 82{,}4$; $n_4 = 118$; $n_5 = 169{,}2$; $n_6 = 243$; $n_7 = 348$; $n_8 = 500$. Wählt man nun eine Zwischendrehzahl auf der Vorgelegewelle oder eine Übersetzung, so liegt das ganze Getriebe in seinem Aufbau fest. Gewählt wird $\dfrac{d_1'}{d_2'} = 1:1$. Dann wird $\dfrac{d_3'}{d_4'} = \dfrac{1}{4{,}23} = \left(\dfrac{1}{\varphi^4}\right)$. Bei Schaltung auf $\dfrac{d_1'}{d_2'}$ wird also $n_{r_2} = 350$. Liegt dann weiter der Riemen auf $d_7 - d_8$, so erhält man für d_7 nach (2) die Gleichung: $d_7 = \dfrac{169{,}2}{350} \cdot 280 = 135$; $S = 280 + 135 = 415$. $\dfrac{d_1}{d_2} = \dfrac{500}{350}$; $d_1 = \dfrac{500}{350} d_2$ eingesetzt in Summengleichung $d_2\left(\dfrac{500}{350} + 1\right) = 415$; $d_2 = 171$ und $d_1 = 415 - 171 = 244$. Weiter ist $\dfrac{d_3}{d_4} = \dfrac{348}{350}$; $d_3 = \dfrac{348}{350} d_4$; $d_4\left(\dfrac{348}{350} + 1\right) = 415$; $d_4 = 208$; $d_3 = 415 - 208 = 207$. Schließlich $\dfrac{d_5}{d_6} = \dfrac{243}{350}$; $d_6\left(\dfrac{243}{350} + 1\right) = 415$; $d_6 = 245$; $d_5 = 415 - 245 = 170$. In der Wahl der Durchmesser $d_1' \ldots d_4'$ ist man nur durch die Übersetzungsgleichungen gebunden.

Gebräuchlicher ist die Erweiterung der Drehzahlreihe durch ein Rädervorgelege (Abb. 60). Die Stufenscheibe sitzt hier lose auf der Welle und trägt das Rad 1. Bei Linksschaltung der Kupplung geht der Antrieb von der Stufenscheibe auf die Welle I und kann durch Umlegen des Riemens 4 verschiedene Drehzahlen liefern. Schaltet man aber die Kupplung nach rechts, so geht der Antrieb von der Stufenscheibe über die Räder 1/2 auf die Vorgelegewelle II und über Räder 3/4

Tabelle 3.

					Allgemein Stufenzahl g_1
treibend (Deckenvorgelege)		$d_1 \mid d_2$	$d_1 \mid d_2 \mid d_3$	$d_1 \mid d_2 \mid d_3 \mid d_4$	
getrieben (Maschine)		$d_2 \mid d_1$	$d_3 \mid d_2 \mid d_1$	$d_4 \mid d_3 \mid d_2 \mid d_1$	
u		$\dfrac{d_1}{d_2}\quad \dfrac{d_2}{d_1}$	$\dfrac{d_1}{d_3}\quad \dfrac{d_2}{d_2}\quad \dfrac{d_3}{d_1}$	$\dfrac{d_1}{d_4}\quad \dfrac{d_2}{d_3}\quad \dfrac{d_3}{d_2}\quad \dfrac{d_4}{d_1}$	
u		$\dfrac{\sqrt{\varphi}}{1}\quad \dfrac{1}{\sqrt{\varphi}}$	$\dfrac{\varphi}{1}\quad \dfrac{1}{1}\quad \dfrac{1}{\varphi}$	$\dfrac{\sqrt{\varphi^3}}{1}\quad \dfrac{\sqrt{\varphi}}{1}\quad \dfrac{1}{\sqrt{\varphi}}\quad \dfrac{1}{\sqrt{\varphi^3}}$	$\dfrac{d_{g_1}}{d_1} = \dfrac{1}{\sqrt{\varphi^{g_1-1}}}$
$n_\alpha =$		$\dfrac{n_2}{\sqrt{\varphi}}$	$\dfrac{n_3}{\varphi} = n_2$	$\dfrac{n_4}{\sqrt{\varphi^3}}$	$\dfrac{n_{g_1}}{\sqrt{\varphi^{g_1-1}}}$
Erweiterung durch Vorgelege — einfach	$\dfrac{z_1}{z_2}\cdot\dfrac{z_3}{z_4}$	$\dfrac{1}{\varphi^2}$	$\dfrac{1}{\varphi^3}$	$\dfrac{1}{\varphi^4}$	$\dfrac{1}{\varphi^{g_1}}$
doppelt — nach Abb. 61	$\dfrac{z_1}{z_2}\cdot\dfrac{z_5}{z_6}$	$\dfrac{1}{\varphi^2}$	$\dfrac{1}{\varphi^3}$	$\dfrac{1}{\varphi^4}$	$\dfrac{1}{\varphi^{g_1}}$
	$\dfrac{z_3}{z_4}\cdot\dfrac{z_5}{z_6}$	$\dfrac{1}{\varphi^4}$	$\dfrac{1}{\varphi^6}$	$\dfrac{1}{\varphi^8}$	$\dfrac{1}{\varphi^{2g_1}}$
nach Abb. 62	$\dfrac{z_1}{z_2}\cdot\dfrac{z_3}{z_4}$	$\dfrac{1}{\varphi^2}$	$\dfrac{1}{\varphi^3}$	$\dfrac{1}{\varphi^4}$	$\dfrac{1}{\varphi^{g_1}}$
	$\dfrac{z_5}{z_6}\cdot\dfrac{z_7}{z_8}$	$\dfrac{1}{\varphi^2}$	$\dfrac{1}{\varphi^3}$	$\dfrac{1}{\varphi^4}$	$\dfrac{1}{\varphi^{g_1}}$

und die Kupplung auf Welle I. Hierdurch werden weitere 4 Drehzahlen erhalten. Die Vorgelege dienen allgemein zur Erniedrigung der Drehzahlen. Es entstehen also insgesamt $2 \cdot 4 = 8$ Drehzahlen, von denen die höheren 4 Drehzahlen n_8; n_7; n_6; n_5 durch unmittelbare Übertragung und die vier niedrigeren Drehzahlen n_4; n_3; n_2; n_1 durch das Vorgelege erzeugt werden. Das Vorgelege verwandelt also n_8 in n_4; n_7 in n_3; n_6 in n_2; n_5 in n_1. Bei geometrischer Stufung wird dann z. B. $n_5 = n_1 \cdot \varphi^4$, also wird die Übersetzung des Vorgeleges $u_v = \dfrac{n_1}{n_5} = \dfrac{n_1}{n_1 \varphi^4} = \dfrac{1}{\varphi^4}$

oder allgemein, wenn g_1 die Stufenzahl der Stufenscheibe: $\qquad u_v = \dfrac{1}{\varphi^{g_1}}. \qquad (40)$

Diese Gesamtübersetzung des Vorgeleges muß auf die Räderpaare $\dfrac{z_1}{z_2}$ und $\dfrac{z_3}{z_4}$ aufgeteilt werden. Man befolgt hier den Grundsatz, die letzte Übersetzung möglichst groß zu halten, damit die Vorgelegewelle höhere Drehzahlen und damit kleinere Abmessungen erhält. Außerdem ist

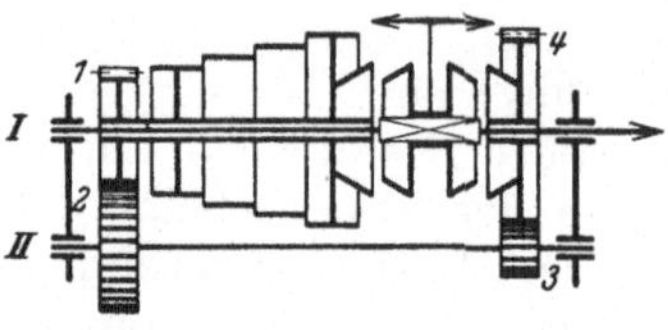

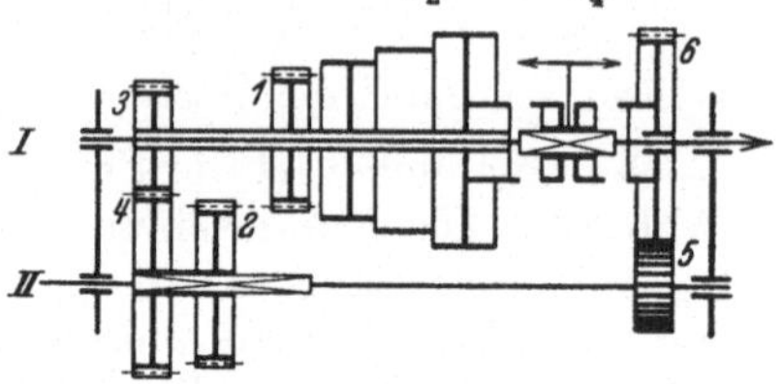

Abb. 60. Stufenscheibe mit einfachem Rädervorgelege.

Abb. 61. Stufenscheibe mit doppeltem Rädervorgelege.

diese Aufteilung der Übersetzung auch meist aus baulichen Gründen erwünscht.

Statt des einfachen kann auch ein doppeltes Vorgelege eingebaut werden, um so die Drehzahlreihe nochmals zu erweitern (Abb. 61). Hier werden insgesamt $3 \cdot 3 = 9$ Drehzahlen erzeugt, und zwar:

$n_9 - n_8 - n_7$ durch Kupplung links: Stufenscheibe-Kupplung-Welle I.

$n_6 - n_5 - n_4 \qquad ,, \qquad\qquad ,, \qquad$ rechts: Stufenscheibe-$\dfrac{z_1}{z_2} \cdot \dfrac{z_5}{z_6}$-Kupplung-Welle I,

$n_3 - n_2 - n_1 \qquad ,, \qquad\qquad ,, \qquad\qquad ,,\qquad$ Stufenscheibe-$\dfrac{z_3}{z_4} \cdot \dfrac{z_5}{z_6}$-Kupplung-Welle I.

Es wird also aus n_7 einmal n_4 und einmal n_1. Da $n_7 = n_1 \varphi^6$ und $n_4 = n_1 \cdot \varphi^3$, so folgt für die Räder $\dfrac{z_1}{z_2} \cdot \dfrac{z_5}{z_6} = \dfrac{n_4}{n_7} = \dfrac{n_1 \varphi^3}{n_1 \varphi^6} = \dfrac{1}{\varphi^3}$ oder allgemein $\dfrac{1}{\varphi^{g_1}}$,

$\qquad\qquad ,, \qquad ,, \qquad ,, \qquad \dfrac{z_3}{z_4} \cdot \dfrac{z_5}{z_6} = \dfrac{n_1}{n_7} = \dfrac{n_1}{n_1 \varphi^6} = \dfrac{1}{\varphi^6} \qquad ,, \qquad ,, \qquad \dfrac{1}{\varphi^{2 g_1}}.$

Durch Dividieren erhält man $\left(\dfrac{z_1}{z_2} \cdot \dfrac{z_5}{z_6}\right) : \left(\dfrac{z_3}{z_4} \cdot \dfrac{z_5}{z_6}\right)$

$= \dfrac{1}{\varphi^3} : \dfrac{1}{\varphi^6}$ also $\dfrac{z_1}{z_2} : \dfrac{z_3}{z_4} = \varphi^3$. Wählt man also eine der drei Übersetzungen $\dfrac{z_1}{z_2}, \dfrac{z_3}{z_4}, \dfrac{z_5}{z_6}$, so liegen die übrigen fest. Sind die Übersetzungen sehr groß, so ist eine Anordnung nach Abb. 62 oft günstiger. Hier wird

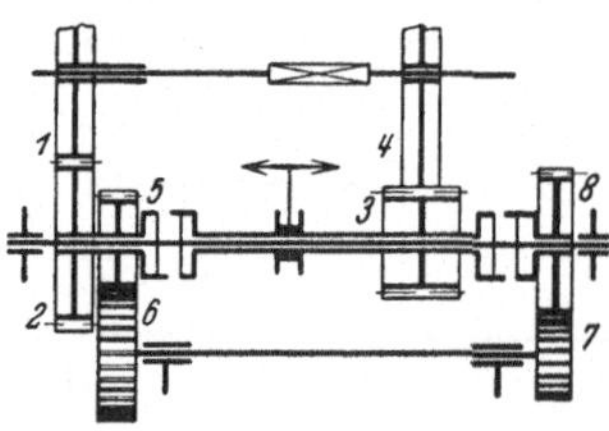

Abb. 62. Doppeltes Vorgelege für größere Übersetzungen.

$\dfrac{z_1}{z_2} \cdot \dfrac{z_3}{z_4} = \dfrac{1}{\varphi^{g_1}}$ und $\dfrac{z_1}{z_2} \cdot \dfrac{z_5}{z_6} \cdot \dfrac{z_7}{z_8} \cdot \dfrac{z_3}{z_4} = \dfrac{1}{\varphi^{2 g_1}}$ oder

$\dfrac{z_5}{z_6} \cdot \dfrac{z_7}{z_8} = \dfrac{1}{\varphi^{g_1}}.$

11. *Beispiel.* Für eine Werkzeugmaschine soll ein Antrieb mit 12 Drehzahlen berechnet werden (Stufenscheibe mit 4 Stufen und doppeltes Vorgelege). Die höchste Drehzahl ist $n_{12} = 750$ U/min, $\varphi = 1{,}41$. Größter Scheibendurchmesser auf der Maschine 300. Die Scheiben auf der Maschine und dem Deckenvorgelege seien gleich groß.

Lösung. Die Drehzahlen sind der Normenreihe zu entnehmen. Nach Tafel 3 wird

$d_1 : d_4 = \dfrac{\sqrt{\varphi^3}}{1} = 1{,}68$, also $d_4 = \dfrac{300}{1{,}68} = 178$ mm. Demnach wird $S = 300 + 178 = 478$ mm.

Außerdem folgt a) $d_2 : d_3 = \sqrt{\varphi} = 1{,}19$; b) $d_2 + d_3 = 478$. Gleichung a) ergibt $d_2 = 1{,}19$, d_3 eingesetzt in b) $2{,}19\ d_3 = 478$. $d_3 = 218$ und $d_2 = 478 - 218 = 260$ mm. Die Drehzahl des Deckenvorgeleges n_a kann nun bestimmt werden aus $d_1 : d_4 = n_{12} : n_a$ zu $n_a = \dfrac{750 \cdot 1{,}78}{300} = 445$ U/min.

Für die Berechnung der Vorgelege ergibt sich aus Tafel 3 für das erste Vorgelege eine Übersetzung $\dfrac{1}{\varphi^4} = \dfrac{1}{4}$ und für das zweite Vorgelege $\dfrac{1}{\varphi^8} = \dfrac{1}{16}$. Bei einer Anordnung nach Abb. 61 würde $\dfrac{z_1}{z_2} : \dfrac{z_3}{z_4} = \varphi^4 = 4$ werden. Baulich ist diese Lösung ungeeignet. Um die Zahnsumme $z_3 + z_4$ möglichst klein zu halten, muß bei der geforderten Übersetzung $1 : 4$ das Rad 3 auch sehr klein gewählt werden, was aber des großen Spindeldurchmessers wegen nicht möglich ist. Man wählt daher zweckmäßiger eine Ausführung nach Abb. 62, bei der zwei Vorgelege hintereinandergeschaltet sind. Hierbei muß dann sein:

$$\text{a)} \quad \frac{z_1}{z_2} \cdot \frac{z_3}{z_4} = \frac{1}{\varphi^4} = \frac{1}{4} \quad \text{und} \quad \text{b)} \quad \frac{z_1}{z_2} \cdot \frac{z_5}{z_6} \cdot \frac{z_7}{z_8} \cdot \frac{z_3}{z_4} = \frac{1}{\varphi^8} = \frac{1}{16}.$$

Wird $\dfrac{z_1}{z_2} = 1$ gewählt, so wird $\dfrac{z_3}{z_4} = \dfrac{1}{4}$. Nach Einsetzen dieser Werte in Gleichung b) erhält man: $\dfrac{z_5}{z_6} \cdot \dfrac{z_7}{z_8} = \dfrac{1}{4}$. Da hier Rad 8 nicht zu groß werden darf (sonst stößt es an die Spindel!), so kann für diese Räder eine Aufteilung gewählt werden wie

$$\frac{z_5}{z_6} = \frac{1}{1{,}6} \quad \text{und} \quad \frac{z_7}{z_8} = \frac{1}{2{,}5} \quad \text{oder auch} \quad \frac{z_5}{z_6} = \frac{z_7}{z_8} = \frac{1}{2} \quad \text{usf.}$$

C. Räderwechseltriebe.

Bei allen Räderwechseltrieben kann zwischen je zwei Wellen von mehreren Räderpaaren mit verschiedenen Übersetzungen wahlweise ein Paar zur Übertragung der Drehbewegung benutzt werden. Man erreicht dieses Einschalten durch Kupplungen, durch Verschieben der Räder oder auch durch Schwenken.

Die im folgenden benutzten Bezeichnungen der Räderwechseltriebe kennzeichnen die Wellenzahl des Getriebes und die Gangzahl, also die Zahl der erreichten Endstufen. Ein sechsstufiges Dreiwellengetriebe ist demnach ein Getriebe mit 3 Wellen, das 6 Drehzahlabstufungen erreicht,

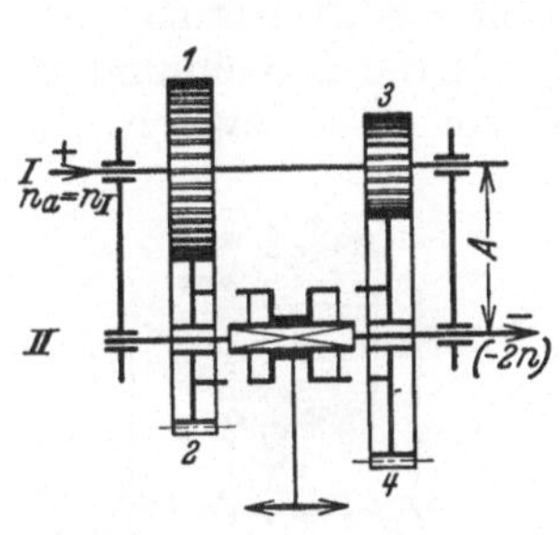

Abb. 63. II/2 Getriebe.

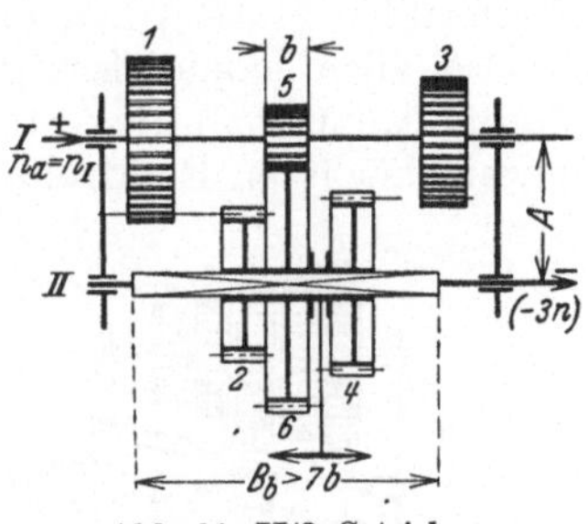

Abb. 64. II/3 Getriebe.

abgekürzt III/6. Zunächst wird der Aufbau der Getriebe besprochen, während später die Zusammensetzung der Grundformen zu den verschiedenen Ausführungen gezeigt wird.

17. Zweiwellengetriebe. Die Zweiwellengetriebe, auch Grundgetriebe genannt, zeigen getrieblich den gleichen Aufbau wie die Stufenscheibentriebe. Die dort entwickelten Gleichungen besitzen auch hier ihre Gültigkeit. Für die Berechnung der Rädertriebe setzt man allerdings statt der Durchmesser meist zweckmäßiger die Zähnezahlen ein und erhält dann die Summengleichung in der Form $S = z_1 + z_2 = z_3 + z_4 = z_5 + z_6 \ldots$ und außerdem für die Übersetzungen $\dfrac{z_5}{z_6} = \dfrac{(-n_1)}{n_a}$; $\dfrac{z_2}{z_3} = \dfrac{(-n_2)}{n_a}$; $\dfrac{z_1}{z_2} = \dfrac{(-n_3)}{n_a}$. Damit sind die allgemeinen Bedingungen für den Entwurf eines solchen Getriebes gegeben, wenn der Modul für alle Räder gleich bleibt, was ja im allgemeinen zwischen 2 Wellen der Fall ist.

Das einfachste Getriebe dieser Art ist das zweistufige Zweiwellengetriebe (Abb. 63), bei dem die Antriebsdrehzahl n_a einmal durch die Räderübersetzung $\frac{z_1}{z_2}$ und dann durch $\frac{z_3}{z_4}$ in zwei Enddrehzahlen gewandelt wird. Die Räderpaare 1/2 und 3/4 können (wie gezeichnet) durch Kupplung oder aber durch Verschiebung zum Eingriff gebracht werden. Für drei Enddrehzahlen (Abb. 64) ist das dreistufige Getriebe mit Schieberädern gezeigt. Entsprechenden Aufbau hat auch das vier-

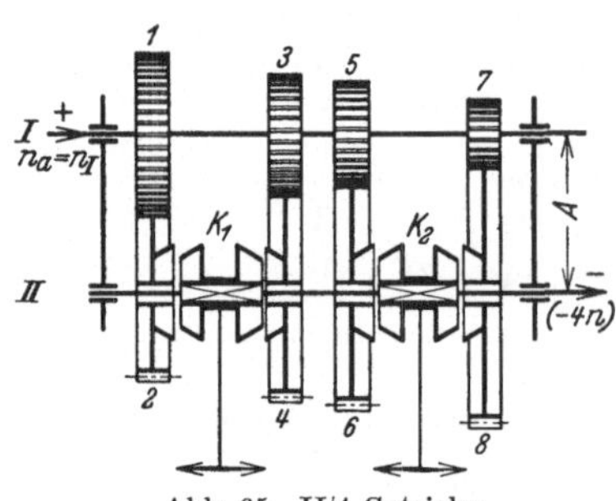

Abb. 65. II/4 Getriebe.

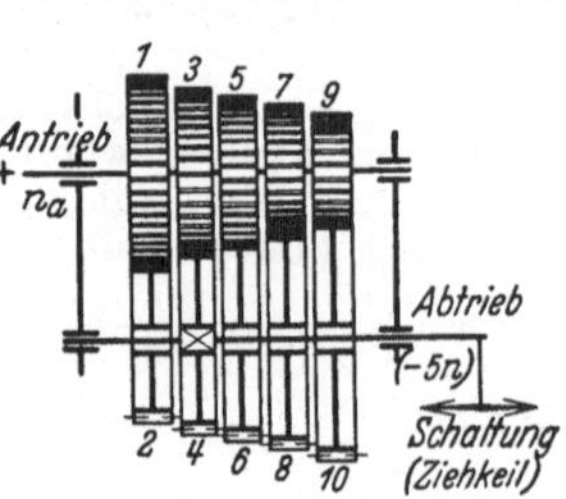

Abb. 66. Ziehkeilgetriebe.

stufige Getriebe (Abb. 65), bei dem durch die vier Räderpaare vier Enddrehzahlen einschaltbar sind. Die Baubreite wird hier bei der gezeichneten Ausführung schon recht beträchtlich, so daß man besonders bei Vorschubgetrieben, wenn noch mehr Abstufungen gefordert werden, die Getriebe als Ziehkeil- (Abb. 66) oder als Schwenkradgetriebe (Abb. 67) ausführt. Bei diesen muß in zwei Richtungen geschaltet werden: in Richtung und rechtwinklig zur Zeichenebene, damit das Schwenkrad eingreift. Für die Drehzahlen ist die Größe des Schwenkrades gleichgültig; der Drehsinn bleibt erhalten. Eine besondere Ausführung ist das Nortongetriebe (Abb. 68). Hier wird $z_2 = z_4 = z_6 \ldots$ Der getriebliche Aufbau wird demnach wie bei dem Getriebe mit einer zylindrischen Stufenscheibe, d. h. bei geometrisch gestuften Drehzahlen müssen hier auch die Zähnezahlen geometrisch gestuft werden.

Bei allen geometrisch gestuften Räderwechseltrieben wird die Berechnung eindeutig, wenn man die Antriebsziffer i einführt, das ist die Übersetzung zwischen der jeweils höchsten Enddrehzahl n_g und der Antriebsdrehzahl n_a also $i = \frac{n_g}{n_a}$. (41)

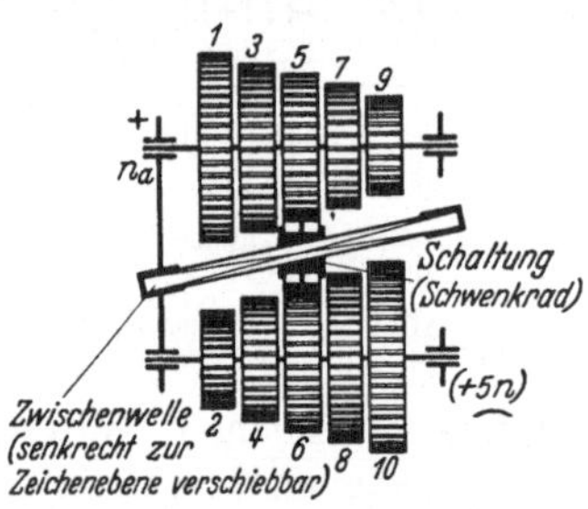

Abb. 67. Schwenkradgetriebe.

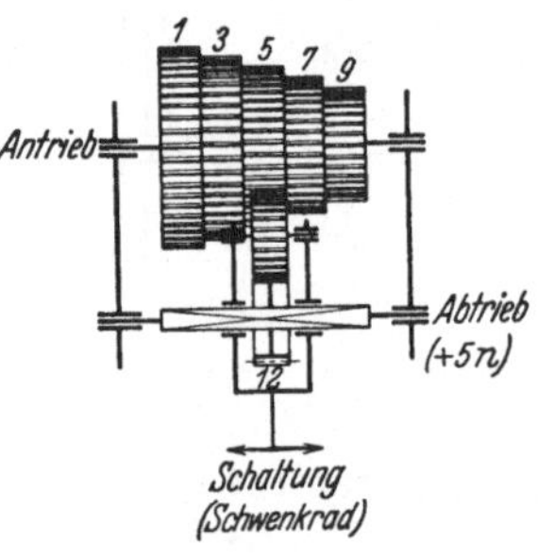

Abb. 68. Nortongetriebe.

Zweckmäßig wird die Antriebsziffer i — wie die Übersetzungen — als Bruch geschrieben, bei dem der Zähler oder Nenner gleich 1 ist. Die Antriebsziffer i ist nur abhängig von der Antriebsdrehzahl und der höchsten Enddrehzahl.

Bei dem dreistufigen Getriebe nach Abb. 64 würde demnach $i = \frac{n_3}{n_a}$. Hieraus folgt $n_3 = i \cdot n_a$. Die nächst niedrigere Drehzahl n_2 ist $n_2 = \frac{1}{\varphi} n_3$ (aus $n_3 = \varphi \cdot n_2$) oder durch Einsetzen von $n_3 = i \cdot n_a$; $n_2 = \frac{1}{\varphi} n_3 = \frac{i}{\varphi} n_a$. Und entsprechend $n_1 = \frac{i}{\varphi^2} n_a$. Die Drehzahl n_3 möge nun durch die Räder z_1 und z_2 erzeugt werden. Dann wird $i = \frac{n_3}{n_a} = \frac{z_1}{z_2}$. Für die Drehzahl n_2 seien die Räder z_3 und z_4 und für n_1 die Räder z_5 und z_6 bestimmt. Man erhält so: $\frac{z_1}{z_2} = \frac{n_3}{n_a} = \frac{i}{1}$; $\frac{z_3}{z_4} = \frac{n_2}{n_a} = \frac{i}{\varphi}$; $\frac{z_5}{z_6} = \frac{n_1}{n_a} = \frac{i}{\varphi^2}$.

Damit sind in dem Getriebe sämtliche Übersetzungen eindeutig bestimmt, wenn i und φ gegeben sind.

Besonders klar werden diese Verhältnisse, wenn man das Drehzahlbild des Getriebes aufzeichnet (Abb. 69). Die Wellen I und II werden durch logarithmische Leitern in beliebigem Abstand dargestellt, auf denen die Wellendrehzahlen eingetragen werden. Ist z. B. ein Getriebe gegeben mit $n_a = 600$, $n_3 = 800$, $\varphi = 2$, also $n_2 = 400$ und $n_1 = 200$, so werden diese Drehzahlen auf den Leitern abgetragen. Die Abstände n_1 bis n_2 und n_2 bis n_3 sind gleich groß, und zwar gleich $\lg\varphi$. Ist also nur die höchste Drehzahl und φ gegeben, so lassen sich die übrigen Drehzahlen schnell finden, wenn man den $\lg\varphi$ in den Stechzirkel nimmt und diese Strecke in der gewünschten Anzahl abträgt. Verbindet man dann den Punkt $n_a = 600$ auf der treibenden Welle I mit den drei Punkten $n_1 = 200$; $n_2 = 400$ und $n_3 = 800$ auf der getriebenen Welle II, so stellen diese Verbindungsgeraden die Räderübersetzungen dar. Die größenmäßige Bestimmung der

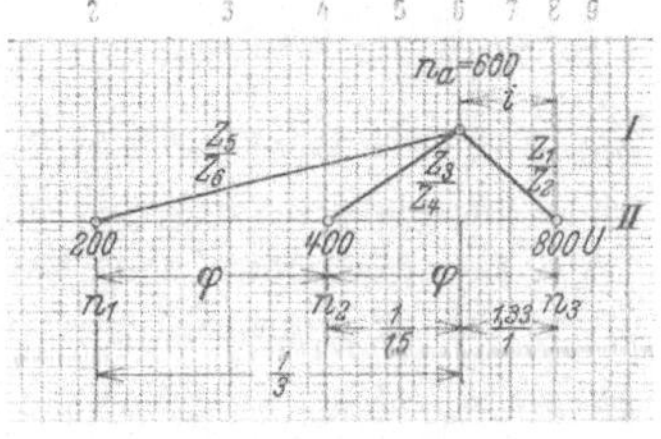

Abb. 69.
Drehzahlbild für II/3-Getriebe.

Übersetzung liefert der waagerechte Abstand der Punkte n_1; n_2; n_3 von dem Punkte n_a. Der Punkt n_a wird daher auch zweckmäßig auf Welle II nochmals eingezeichnet. Mißt man z. B. mit dem gleichen logarithmischen Maßstabe die Waagerechte von n_1 bis n_a, so findet man „3", d. h. die Übersetzung ist, da nach links, $\frac{1}{3}$. (Wenn die Logarithmen zweier Zahlen subtrahiert werden, so werden ihre Numeri dividiert!) Der waagerechte Abstand von n_3 bis n_a beträgt 1,33, d. h. die Übersetzung ist, da nach rechts, $\frac{1,33}{1}$. Diese Übersetzung wäre also $= i$, der Antriebsziffer. Damit ist die Möglichkeit gegeben, die Getriebe zeichnerisch zu berechnen. Man zeichnet auf den beiden Leitern die gewünschten Drehzahlen ein, mißt die waagerechten Abstände und hat damit die Übersetzungen. Benutzt man hierzu — was bei häufigen Rechnungen zu empfehlen ist — das im Handel käufliche, einfach logarithmische Papier (z. B. Schleicher u. Schüll, Düren Nr. $369^1/_2$: 7), so ist die Genauigkeit der zeichnerischen Lösung hinreichend, da ja bei den Übersetzungsrechnungen durch die Wahl der Zähnezahlen doch immer nur eine Annäherung erreicht wird.

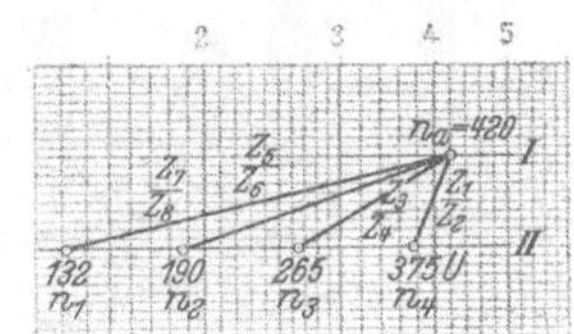

Abb. 70.
Drehzahlbild für II/4-Getriebe.

Dieser zeichnerische Weg, der auch im folgenden oft benutzt wird, bietet den Vorteil großer Übersichtlichkeit, wie auch Schnelligkeit beim Neuentwurf eines Getriebes.

12. Beispiel. Es sind die Übersetzungen für ein vierstufiges Zweiwellengetriebe zu berechnen bei $n_a = 420$, $n_4 = 375$, $\varphi = 1{,}41$.

Lösung. Die Aufgabe soll zunächst zeichnerisch gelöst werden (Abb. 70). Man zeichnet auf Welle bzw. Leiter I $n_a = 420$ ein, auf Welle II $n_4 = 375$. Nimmt man nun $\lg\varphi$ in den Zirkel, so findet man $n_3 = 265$, $n_2 = 188$, $n_1 = 132$. (In der Normreihe ist n_2 auf 190 abgerundet.) Die waagerechten Abstände liefern dann die Übersetzungen: $\dfrac{z_1}{z_2} = i = \dfrac{1}{1{,}12}$;

$\dfrac{z_3}{z_4} = \dfrac{1}{1{,}58}$; $\dfrac{z_5}{z_6} = \dfrac{1}{2{,}21}$; $\dfrac{z_7}{z_8} = \dfrac{1}{3{,}18}$. Rechnerisch findet man $i = \dfrac{375}{420} = \dfrac{1}{1{,}12}$. Dann wird

$$\frac{z_1}{z_2} = i = \frac{1}{1{,}12}; \quad \frac{z_3}{z_4} = \frac{i}{\varphi} = \frac{1}{1{,}12}\cdot\frac{1}{1{,}41} = \frac{1}{1{,}58}; \quad \frac{z_5}{z_6} = \frac{i}{\varphi^2} = \frac{1}{2{,}24}; \quad \frac{z_7}{z_8} = \frac{i}{\varphi^3} = \frac{1}{3{,}16}.$$

18. Dreiwellengetriebe, ungebunden. Die Erweiterung der Zweiwellengetriebe auf größere Stufenzahlen als 4 ist für Hauptantriebe begrenzt. Man erhält baulich viel günstigere Anordnungen durch Hintereinanderschalten mehrerer Zweiwellengetriebe. Der einfachste Fall dieser Art ist das vierstufige Dreiwellengetriebe (Abb. 71), bei dem 2 zweistufige Zweiwellengetriebe eingebaut sind. Da jedes dieser Getriebe zwei Drehzahlen erzeugt, kann man mit dem Dreiwellengetriebe $2 \cdot 2 = 4$ Drehzahlen erreichen:

$$n_4 = \frac{z_1}{z_2} \cdot \frac{z_5}{z_6} \cdot n_a \qquad n_2 = \frac{z_3}{z_4} \cdot \frac{z_5}{z_6} \cdot n_a$$

$$n_3 = \frac{z_1}{z_2} \cdot \frac{z_7}{z_8} \cdot n_a \qquad n_1 = \frac{z_3}{z_4} \cdot \frac{z_7}{z_8} \cdot n_a \, .$$

Zeichnet man zu diesem Getriebe das Aufbaunetz, so ergibt sich die Abb. 72. (Es wird im folgenden unterschieden zwischen dem „Aufbaunetz", bei dem der Drehzahl-Aufbau des Getriebes ohne Rücksicht auf die Größenverhältnisse dargestellt ist, und dem „Drehzahlbild", aus dem die größenmäßige Anordnung der Übersetzungen und Drehzahlen erkennbar ist.) Auf Leiter I ist die Antriebsdrehzahl n_a gegeben, aus der auf Leiter II zwei Zwischendrehzahlen n_{II_1} und n_{II_2} durch die Räder $\frac{1}{2}$ oder $\frac{3}{4}$ erzeugt werden. Von jeder dieser Zwischendrehzahlen lassen sich durch wahlweises Einschalten der Räderpaare $\frac{5}{6}$ oder $\frac{7}{8}$ je zwei, also insgesamt vier Enddrehzahlen ableiten.

Bezeichnet man mit i wieder die Antriebsziffer des Getriebes, $i = \frac{n_4}{n_a}$, so erkennt man, daß das Getriebe jetzt nicht mehr eindeutig durch i und φ bestimmt ist, da die Zwischendrehzahl n_{II_2} verschieden angenommen werden kann. Es ist demnach notwendig, die Antriebsziffer i des Gesamtgetriebes in die Antriebsziffern i_1 und i_2 der Grundgetriebe zu zerlegen, so daß $i = i_1 \cdot i_2$ wird. Ist aber die Drehzahl n_{II_2} oder i_1 gewählt, oder aber i_2 festgelegt, so ist der Gesamtaufbau des Getriebes wieder eindeutig bestimmt, besonders auch die Zwischendrehzahl n_{II_1}. Aus dem Aufbaunetz Abb. 72 (bei diesem wie auch bei den folgenden Aufbaunetzen ist der Abstand der senkrechten Linien des Netzes immer mit φ angenom-

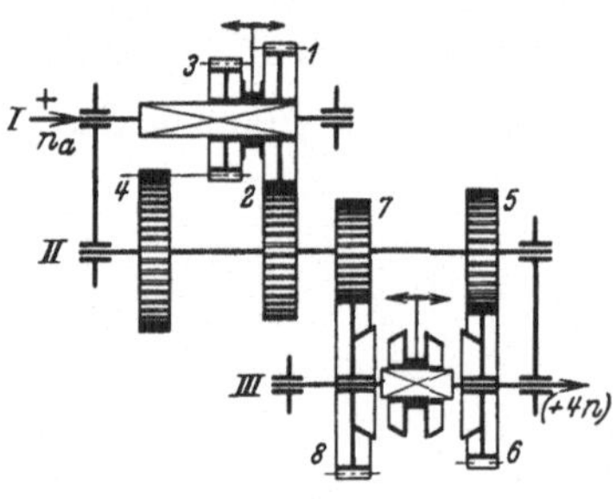

Abb. 71. III/4-Getriebe.

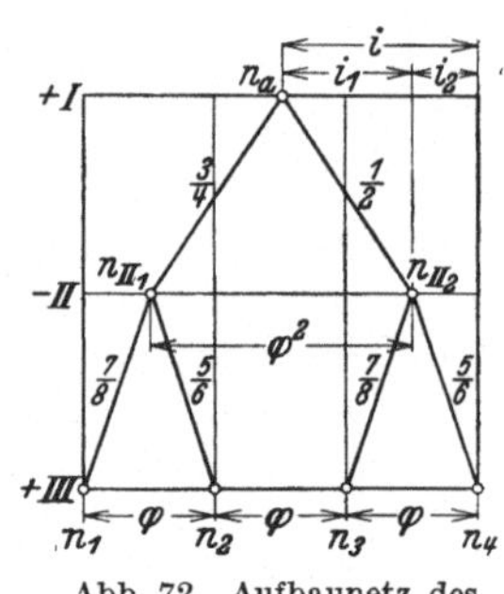

Abb. 72. Aufbaunetz des III/4-Getriebes.

men) folgt sofort, wenn man von der Drehzahl n_a zur rechten Kante des Netzes geht und von dort nach links zu den Drehzahlen $n_3 - n_2 - n_1$:

$$\text{a)} \ \frac{z_1}{z_2} \cdot \frac{z_5}{z_6} = i, \qquad\qquad \text{b)} \ \frac{z_1}{z_2} \cdot \frac{z_7}{z_8} = \frac{i}{\varphi} \ (= \lg i - \lg \varphi),$$

$$\text{c)} \ \frac{z_3}{z_4} \cdot \frac{z_5}{z_6} = \frac{i}{\varphi^2} \ (= \lg i - 2 \lg \varphi), \qquad \text{d)} \ \frac{z_3}{z_4} \cdot \frac{z_7}{z_8} = \frac{i}{\varphi^3} \ (= \lg i - 3 \lg \varphi).$$

Dividiert man die Gleichungen a) durch c) und b) durch d), so erhält man $\frac{z_1}{z_2} : \frac{z_3}{z_4} = \varphi^2$

und bei Division von a) durch b) und c) durch d) $\frac{z_5}{z_6} : \frac{z_7}{z_8} = \varphi$, d. h. der Abstand von

n_{II_1} bis n_{II_2} muß $2 \lg \varphi = \varphi^2$ und $\frac{z_5}{z_6} = \varphi \frac{z_7}{z_8}$ sein. Auch die Zwischendrehzahlen eines geometrisch gestuften Getriebes sind geometrisch gestuft. Hierbei ist der Stufensprung der Zwischenwellen eine ganzzahlige Potenz des gegebenen Stufensprunges φ des Gesamtgetriebes. Im vorliegenden Fall wäre $\varphi_{\mathrm{II}} = \varphi^2$.

Das Aufbaunetz für ein Getriebe nach Abb. 71 läßt sich aber auch anders entwerfen (Abb. 73). Die Übersetzungen $\dfrac{z_5}{z_6}$ und $\dfrac{z_7}{z_8}$ überschneiden sich jetzt. Für den Sprung der Zwischendrehzahlen folgt aus

$$\text{a) } \frac{z_1}{z_2}\cdot\frac{z_5}{z_6}=i\,,\qquad \text{b) } \frac{z_3}{z_4}\cdot\frac{z_5}{z_6}=\frac{i}{\varphi}\,,$$

$$\text{c) } \frac{z_1}{z_2}\cdot\frac{z_7}{z_8}=\frac{i}{\varphi^2}\,,\qquad \text{d) } \frac{z_3}{z_4}\cdot\frac{z_7}{z_8}=\frac{i}{\varphi^3}$$

durch Division der Gleichung a) durch b) oder c) durch d): $\dfrac{z_1}{z_2}=\varphi\,\dfrac{z_3}{z_4}$. Außerdem aber bei Division der Gleichung a) durch c) oder b) durch d): $\dfrac{z_5}{z_6}=\varphi^2\cdot\dfrac{z_7}{z_8}$, d. h. umgekehrt wie bei dem Aufbaunetz Abb. 72 sind jetzt die Zwischendrehzahlen mit $\varphi_{II}=\varphi$ gestuft und die Übersetzungen $\dfrac{z_5}{z_6}$ und $\dfrac{z_7}{z_8}$ mit φ^2. Das zu dem Aufbaunetz Abb. 73

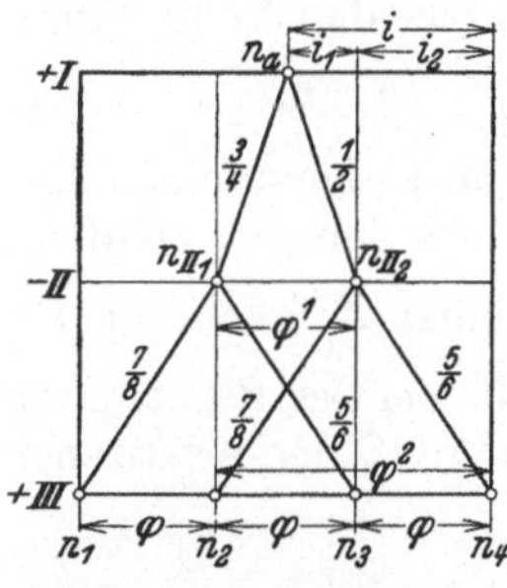

Abb. 73. Aufbaunetz eines III/4-Getriebes.

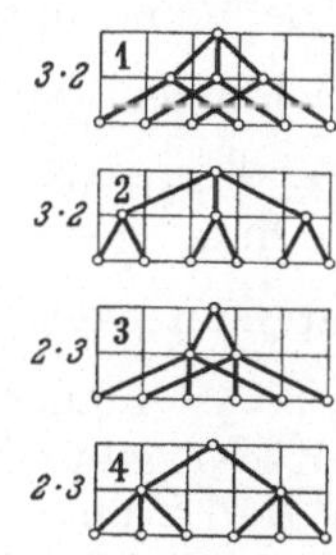

Abb. 74. Aufbaunetze für III/6-Getriebe.

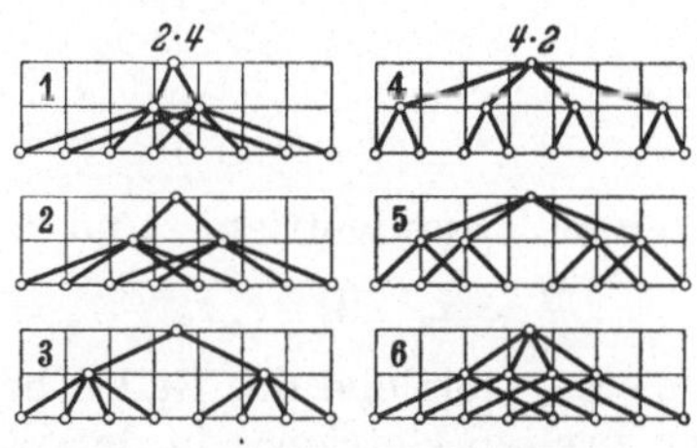

Abb. 75. Aufbaunetze für III/8-Getriebe.

gehörige Getriebe zeigt die gleiche Anordnung wie das Getriebe Abb. 71, nur daß die Größen der Übersetzungen und damit der Räder anders würden.

Weitere Möglichkeiten für ein vierstufiges Getriebe $4=2\cdot 2$ bestehen nicht. Für die sechsstufigen Getriebe ergeben sich aus dem Zusammenbau eines drei- und eines zweistufigen Grundgetriebes, je nachdem ob das drei- oder zweistufige Getriebe vorgeschaltet ist, also $3\cdot 2$ oder $2\cdot 3$, insgesamt vier Möglichkeiten (Abb. 74). Bei dem achtstufigen folgen aus $2\cdot 4$ oder $4\cdot 2$ sechs verschiedene Möglichkeiten (Abb. 75), bei dem neunstufigen nur zwei aus $3\cdot 3$ (Abb. 76) usf.

13. Beispiel. Es sollen die Übersetzungen für ein sechsstufiges Getriebe nach Anordnung 4 berechnet werden bei $n_a=600$, $n_6=530$; $\varphi=1{,}41$.

Lösung. Eine Übersetzung muß gewählt werden, damit alle anderen festliegen. Es soll sein $\dfrac{z_1}{z_2}=\dfrac{1}{1}$. Um nun die übrigen Übersetzungen für die einzelnen Räderpaare zu finden, stellt man für die verschiedenen Gänge die Gleichungen auf: $\dfrac{z_1}{z_2}\cdot\dfrac{z_5}{z_6}=i$, da $\dfrac{z_1}{z_2}=1$ wird

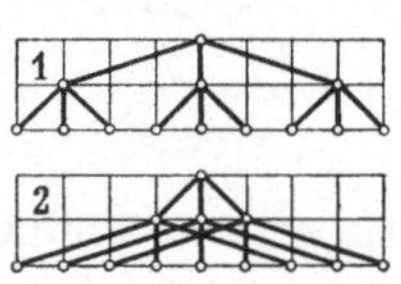

Abb. 76. Aufbaunetze fur III/9-Getriebe.

$\dfrac{z_5}{z_6}=i=\dfrac{530}{600}=\dfrac{1}{1{,}13}$. Die nächst niedrigere Drehzahl $n_5=\dfrac{1}{\varphi}\,n_6$ wird erreicht durch $\dfrac{z_1}{z_2}\cdot\dfrac{z_7}{z_8}=\dfrac{i}{\varphi}$, $\dfrac{z_7}{z_8}=\dfrac{1}{1{,}13\cdot 1{,}41}=\dfrac{1}{1{,}6}$; für $n_4=\dfrac{1}{\varphi^2}\,n_6$ folgt $\dfrac{z_1}{z_2}\cdot\dfrac{z_9}{z_{10}}=\dfrac{i}{\varphi^2}$, $\dfrac{z_9}{z_{10}}=\dfrac{1}{1{,}13\cdot 2}=\dfrac{1}{2{,}26}$.

Die Drehzahl $n_3=\dfrac{1}{\varphi^3}\,n_6$ geht über $\dfrac{z_3}{z_4}\cdot\dfrac{z_5}{z_6}=\dfrac{1}{\varphi^3}$, da $\dfrac{z_5}{z_6}=i$ wird $\dfrac{z_3}{z_4}=\dfrac{1}{\varphi^3}=\dfrac{1}{2{,}82}$. Damit sind alle Übersetzungen bestimmt. Das gleiche Ergebnis erreicht man auf zeichnerischem Wege, Abb. 77, die in übersichtlicher Weise maßstäblich den Aufbau des Getriebes zeigt. Nach Eintragung der Drehzahlen zieht man zunächst für $\dfrac{z_1}{z_2}=\dfrac{1}{1}$ die Senkrechte und erhält so die eine Zwischendrehzahl. Diese wird dann mit n_6 verbunden, sowie mit n_5 und n_4. Die andere

Zwischendrehzahl findet man, indem man rückwärts durch n_3 die Parallele zu $\dfrac{z_5}{z_6}$ zieht. Im unteren Teil dieser Abb. 77 sind nochmals zur Verdeutlichung der obigen Rechnung die waagerechten Abstände, d. h. die Übersetzungen eingezeichnet.

19. Dreiwellengetriebe, gebunden. Bei der Betrachtung der Abb. 71 liegt der Gedanke nahe, ob nicht Räder gespart werden könnten, wenn z. B. die Berechnung so durchgeführt wird, daß Rad 2 gleich Rad 5 und vielleicht Rad 4 gleich Rad 7 würde. Man hätte im ersteren Falle ein „einfach gebundenes" Getriebe mit Ersparnis eines Rades (Abb. 78), im zweiten Fall ein „doppelt gebundenes" Getriebe mit Ersparnis zweier Räder (Abb. 79). Die Schaltungen für das Getriebe nach Abb. 78 sind dann sinngemäß nach Abb. 72 und 73 aufzustellen, wobei $z_2 = z_5$ wird. Das Rad 2 des Getriebes gehört also nunmehr zu dem ersten Grundgetriebe und unterliegt hier den Bedingungsgleichungen a) ... $\dfrac{z_1}{z_2} = i_1$ b) ... $z_1 + z_2 = z_3 + z_4 = S_1$. Es gehört aber auch zu dem

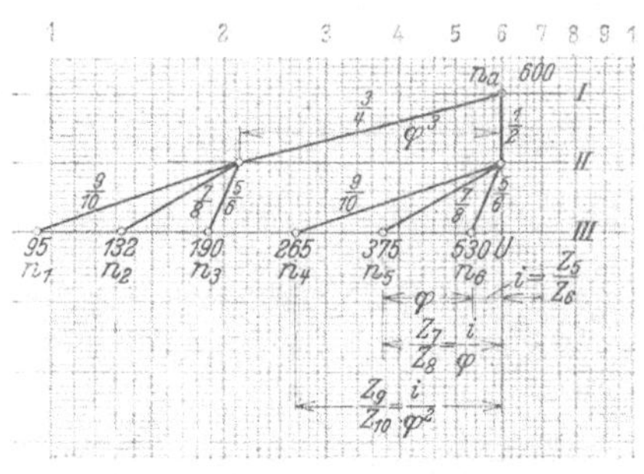

Abb. 77. Drehzahlbild für III/6-Getriebe.

zweiten Grundgetriebe und muß die hier gestellten Bedingungen erfüllen: c) ... $\dfrac{z_2}{z_6} = i_2$ d) ... $z_2 + z_6 = S_2$. Hat man nach Wahl einer Zahnsumme für das erste Getriebe das Rad 2 berechnet, so ist man nunmehr bei der Berechnung des zweiten Getriebes in der Wahl der Räder gebunden und muß den erhaltenen Wert für das Rad 2 einsetzen. Aus der gefundenen Übersetzung und der Zähnezahl des Rades 2 folgt nunmehr die Zahnsumme für das zweite Grundgetriebe.

Noch weiter geht die Bindung bei den Getrieben nach Abb. 79. Mit 6 Rädern werden hier 4 Drehzahlen erzeugt. Die Schaltwege gehen über die Räder:

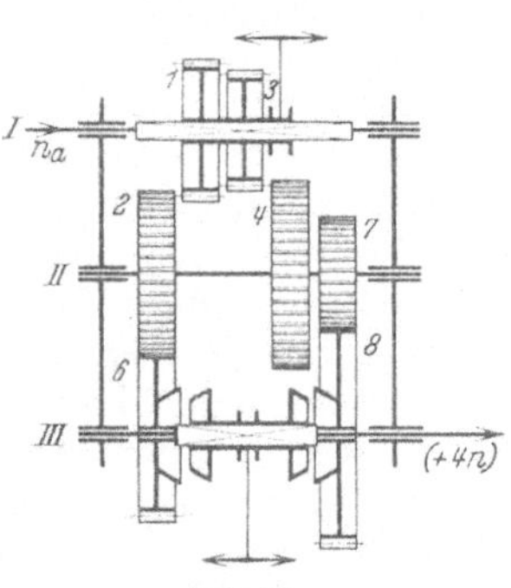

Abb. 78.
Einfach gebundenes III/4-Getriebe.

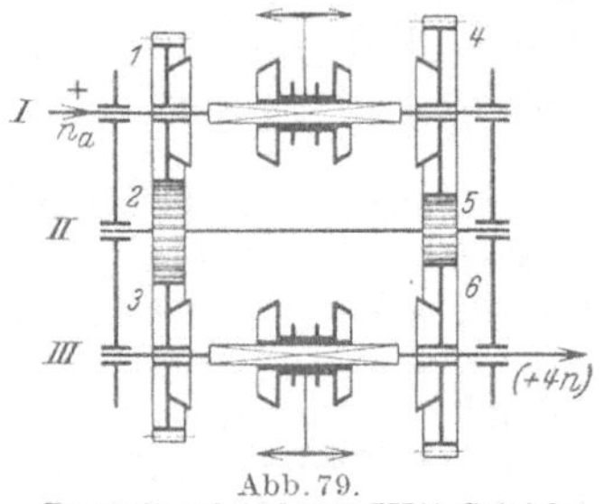

Abb. 79.
Doppelt gebundenes III/4-Getriebe.

$$n_4: \quad 1 - 2 - 5 - 6 \qquad\qquad n_3: \quad 1 - 2 - 3$$
$$n_2: \quad 4 - 5 - 6 \qquad\qquad n_1: \quad 4 - 5 - 2 - 3.$$

Das erste Grundgetriebe besteht aus den Rädern $\dfrac{z_1}{z_2}$ und $\dfrac{z_4}{z_5}$, das zweite aus den Rädern $\dfrac{z_2}{z_3}$ und $\dfrac{z_5}{z_6}$. Die Räder z_2 und z_5 sind also beiden Grundgetrieben gemeinsam.

Um hier ein geeignetes Getriebe zu entwerfen, ist man nun auch in der Wahl der Räder des ersten Grundgetriebes nicht mehr frei. Es bestehen für die Räderübersetzungen folgende Gleichungen:

$$\text{a) ... } \frac{z_1}{z_2} \cdot \frac{z_5}{z_6} = i, \qquad\qquad \text{c) ... } \frac{z_4}{z_5} \cdot \frac{z_5}{z_6} = \frac{i}{\varphi^2}, \qquad\qquad \text{(b : d)} \quad \text{e) ... } \frac{z_1}{z_2} = \varphi^2 \cdot \frac{z_4}{z_5},$$

$$\text{b) ... } \frac{z_1}{z_2} \cdot \frac{z_2}{z_3} = \frac{i}{\varphi}, \qquad\qquad \text{d) ... } \frac{z_4}{z_5} \cdot \frac{z_2}{z_3} = \frac{i}{\varphi^3}, \qquad\qquad \text{(c : d)} \quad \text{f) ... } \frac{z_5}{z_6} = \varphi \cdot \frac{z_2}{z_3}.$$

Ferner muß sein: $z_1 + z_2 = z_4 + z_5$ und $z_2 + z_3 = z_5 + z_6$. Durch Umformung erhält man: $z_2\left(\dfrac{z_1}{z_2}+1\right)=z_5\left(\dfrac{z_4}{z_5}+1\right)$ und $z^2\left(1+\dfrac{z_3}{z_2}\right)=z_5\left(1+\dfrac{z_6}{z_5}\right)$. Dividiert man diese beiden Gleichungen, so erhält man die Gleichung:

$$\text{g)}\ \ldots\ \frac{\dfrac{z_1}{z_2}+1}{1+\dfrac{z_3}{z_2}}=\frac{\dfrac{z_4}{z_5}+1}{1+\dfrac{z_6}{z_5}}.$$

Aus diesen 7 Gleichungen $a\ldots g$ erhält man durch Umformen eine Gleichung für die Übersetzung $\dfrac{z_1}{z_2}$, die nur i und φ enthält: $\qquad \dfrac{z_1}{z_2}=\varphi-i\left(1+\dfrac{1}{\varphi}\right).$ $\qquad$ (42)

Aus dem Aufbaunetz folgt dann für die anderen Übersetzungen:

$$\frac{z_4}{z_5}=\frac{1}{\varphi^2}\cdot\frac{z_1}{z_2};\quad \frac{z_5}{z_6}=\frac{i}{\dfrac{z_1}{z_2}};\quad \frac{z_2}{z_3}=\frac{1}{\varphi}\cdot\frac{z_5}{z_6}.$$

Sind demnach bei einem vierstufigen Getriebe i und φ gegeben, so läßt sich die Übersetzung $\dfrac{z_1}{z_2}$ nach (42) berechnen, wenn man das Getriebe gebunden ausführen will. Nach Berechnung der übrigen Übersetzungen muß dann eine Zähnezahl angenommen werden, und zwar zweckmäßig die kleinste, d. i. die Zähnezahl des kleinsten Rades, des Rades 4, da hier bei $\dfrac{z_4}{z_5}$ die größte Übersetzung vorliegt.

Es läßt sich aber nicht jedes Getriebe als gebundenes ausführen. Die Zähnezahlen bzw. die Übersetzungen werden oft zu groß. Nimmt man wie bisher $\dfrac{1}{4}$ und $\dfrac{2}{1}$ als Grenzübersetzungen an, so bestehen für die Ausführbarkeit des Getriebes als doppelt gebundenes Getriebe die Bedingungsgleichungen:

$$i\gtreqless\frac{\varphi^2}{5+\varphi}\gtreqless\frac{\varphi-2}{1+\dfrac{1}{\varphi}}\quad\text{und}\quad i\lesseqgtr\frac{\varphi^2(4-\varphi)}{4(\varphi+1)}\lesseqgtr\frac{2\,\varphi^2}{3\,\varphi+2}.\qquad(43)$$

Bei Normwerten für i und φ errechnet Germar[1] insgesamt 24 ausführbare Getriebe, die er auch in den Abmessungen festlegt.

In ähnlicher Art läßt sich auch die Berechnung bei den sechsstufigen doppelt gebundenen Getrieben durchführen (Abb. 80), deren Schaltwege aus dem Aufbaunetz Abb. 81 hervorgehen. Man erkennt hier ein gebundenes Rumpfgetriebe aus den Räderketten $1-2-3$ und $4-5-6$ (wie bei dem vierstufigen Getriebe)

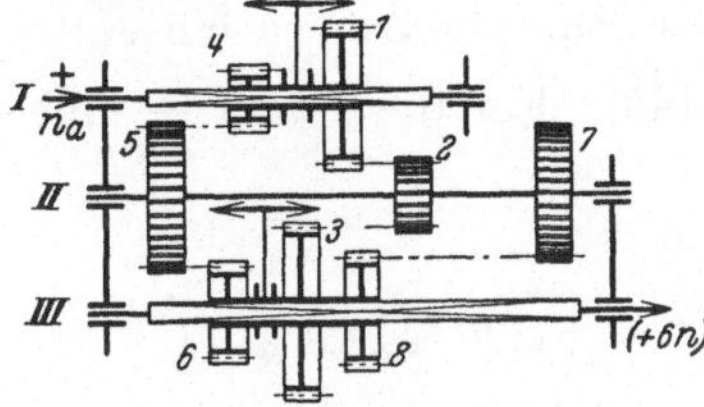

Abb. 80.
Doppelt gebundenes III/6-Getriebe.

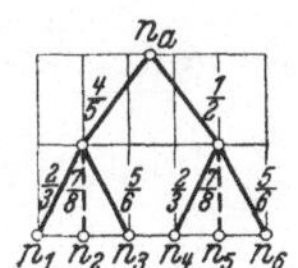

Abb 81. Aufbaunetz des doppelt gebundenen III/6-Getriebes.

und die ungebundenen Räder $7-8$. In der Wahl dieser beiden Räder ist man nur durch den Achsenabstand und die Übersetzung gebunden, sonst aber frei. Für die Räder des gebundenen Rumpfgetriebes bestehen folgende Bedingungen:

a) $\dfrac{z_1}{z_2}\cdot\dfrac{z_5}{z_6}=i,$

b) $\dfrac{z_1}{z_2}\cdot\dfrac{z_2}{z_3}=\dfrac{i}{\varphi^2},$

c) $\dfrac{z_4}{z_5}\cdot\dfrac{z_5}{z_6}=\dfrac{i}{\varphi^3},$

d) $\dfrac{z_4}{z_5}\cdot\dfrac{z_2}{z_3}=\dfrac{i}{\varphi^5},$

e) $\dfrac{z_1}{z_2}=\varphi^3\,\dfrac{z_4}{z_5},$

f) $\dfrac{z_5}{z_6}=\varphi^2\cdot\dfrac{z_2}{z_3},$

g) $\dfrac{\dfrac{z_1}{z_2}+1}{1+\dfrac{z_3}{z_2}}=\dfrac{\dfrac{z_4}{z_5}+1}{1+\dfrac{z_6}{z_5}}.$

Und man erhält hieraus $\qquad \dfrac{z_1}{z_2}=\varphi(\varphi+1)-\dfrac{i}{\varphi^2}\,\dfrac{(\varphi^3-1)}{(\varphi-1)}.\qquad$ (44)

[1] Siehe Germar: Die Getriebe für Normdrehzahlen. Berlin: Julius Springer. 1932.

Nach Abb. 81 folgt dann für die übrigen Räderübersetzungen:

$$\frac{z_4}{z_5} = \frac{z_1}{z_2} \cdot \frac{1}{\varphi^3}; \quad \frac{z_5}{z_6} = \frac{i}{\frac{z_1}{z_2}}; \quad \frac{z_2}{z_3} = \frac{1}{\varphi^2} \cdot \frac{z_5}{z_6}; \quad \frac{z_7}{z_8} = \frac{1}{\varphi} \frac{z_5}{z_6}.$$

Berechnet wird nunmehr wie bei dem vierstufigen Getriebe. Die Bedingung für die Ausführbarkeit ist hier:

$$i \geqq \varphi^3 \frac{\varphi^2 - 1}{\varphi^3 + 4\varphi - 5} \geqq \varphi^2 \frac{\varphi^3 - 3\varphi + 2}{\varphi^3 - 1}, \quad i \leqq 2\varphi^3 \frac{\varphi^2 - 1}{3\varphi^3 - \varphi^2 - 2} \leqq \varphi^3 \frac{\varphi^3 + 5\varphi^2 - 4}{\varphi^3 - 1}. \quad (45)$$

Der Aufbau der neunstufigen Getriebe ist in Abb. 82 und die Schaltungen in Abb. 83 und 84 gezeigt. Auch hier ist ein gebundenes Rumpfgetriebe mit den Räderketten 1 — 2 — 3 und 4 — 5 — 6 gegeben. Ungebunden sind die Räder 7—8 und 9 — 10. Je nachdem die Räderübersetzung $\frac{z_7}{z_8}$ zur Erzeugung der niederen (Abb. 83) oder der höheren Drehzahlen (Abb. 84) benutzt wird, ergeben sich zwei verschiedene Aufbaunetze. In diesen Aufbaunetzen sind die gebundenen Über-

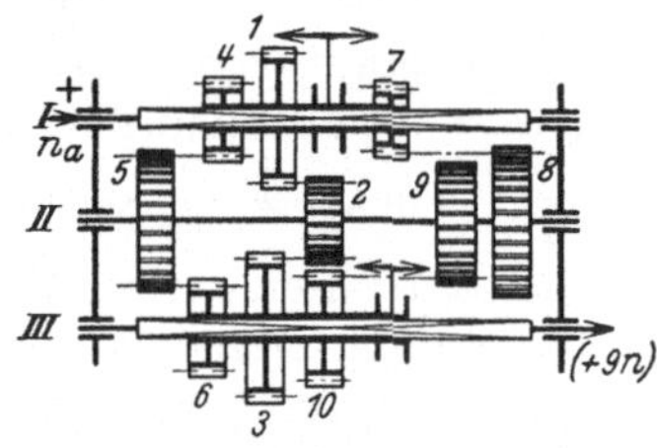

Abb. 82
Doppelt gebundenes III/9-Getriebe.

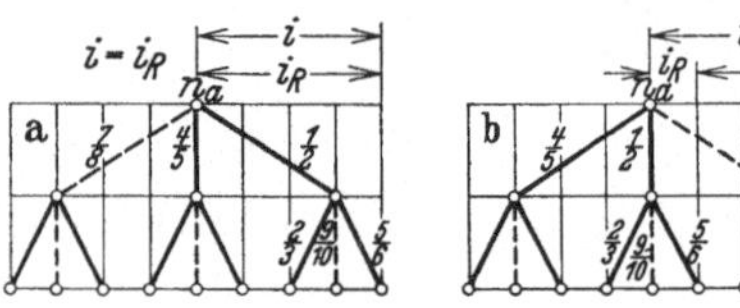

Abb. 83.   Abb. 84.
Abb 83/84. Aufbaunetze für doppelt gebundenes III/9-Getriebe.

setzungen stark, die ungebundenen gestrichelt ausgezogen. Die gebundenen Rumpfgetriebe haben den gleichen Aufbau wie bei den sechsstufigen Getrieben. Die Gleichung (44), wie die Ansätze für die übrigen Räderpaare gelten auch hier, wenn man in Gleichung (44) bei dem Aufbaunetz der Abb. 84 statt der Antriebsziffer i des Gesamtgetriebes die Antriebsziffer i_R des Rumpfgetriebes einsetzt.

Es gelten auch weiterhin die Bedingungsgleichungen (45). Für die Räder $\frac{z_7}{z_8}$ und $\frac{z_9}{z_{10}}$ folgt aus Abb. 83

$$\frac{z_7}{z_8} = \frac{1}{\varphi^3} \cdot \frac{z_4}{z_5}; \quad \frac{z_9}{z_{10}} = \frac{1}{\varphi} \cdot \frac{z_5}{z_6} \quad \text{und aus Abb. 85} \quad \frac{z_7}{z_8} = \varphi^3 \cdot \frac{z_1}{z_2}; \quad \frac{z_9}{z_{10}} = \frac{1}{\varphi} \cdot \frac{z_5}{z_6}.$$

Infolge der größeren Übersetzungen sind hier nur noch Normgetriebe mit $\varphi = 1{,}12$; 1,26; und nur ein Getriebe mit $\varphi = 1{,}41$ ausführbar.

Bei der Berechnung gebundener Getriebe ist das zeichnerische Verfahren nicht brauchbar.

14. Beispiel. Für das Getriebe nach Beispiel 13 sollen die Zähnezahlen so berechnet werden, daß das Getriebe als ein einfach gebundenes ausgeführt wird ($z_2 = z_5$).

Lösung. Es werden zunächst für das erste Grundgetriebe mit den Zahnrädern 1 ... 4 die Zähnezahlen nach linksstehendem Muster bestimmt. Für das zweite Grundgetriebe wird nun $z_2 = z_5 = 44$ Zähne. Aus der Übersetzung $\frac{z_5}{z_6} = \frac{1}{1{,}13}$ folgt dann $z_6 = 1{,}13 \cdot z_5 = 1{,}13 \cdot 44 \approx 50$.

$\frac{z_1}{z_2}$	$\frac{z_3}{z_4}$
$\dfrac{1}{1}$	$\dfrac{1}{2{,}82}$
	88
$\dfrac{44}{44}$	$\dfrac{23}{65}$

$\frac{z_5}{z_6}$	$\frac{z_7}{z_8}$	$\frac{z_9}{z_{10}}$
$\dfrac{1}{1{,}13}$	$\dfrac{1}{1{,}6}$	$\dfrac{1}{2{,}26}$
$\dfrac{44}{50}$	$\dfrac{36}{58}$	$\dfrac{29}{65}$

Damit wird die Zahnsumme für das zweite Grundgetriebe $S_2 = 44 + 50 = 94$. Hieraus und aus den Gleichungen für die Übersetzungen können jetzt die Zähnezahlen $z_5 \ldots z_{10}$ (siehe rechtsstehend) bestimmt werden.

15. Beispiel. Es soll ein neunstufiges doppelt gebundenes Dreiwellengetriebe berechnet werden. $\varphi = 1{,}26$; $n_a = 1200$; $n_9 = 800$.

Lösung. Man untersucht zunächst die Ausführbarkeit nach (45). Es wird

$$i = \frac{800}{1200} = \frac{1}{1{,}5} \quad \text{und} \quad i \geqq 2\,\frac{1{,}59-1}{2+5{,}05-5} \geqq \frac{1}{1{,}73}\,; \quad i \leqq 2\cdot 2\,\frac{1{,}59-1}{3\cdot 2-1{,}59-2} \leqq \frac{1}{1{,}02}\cdot$$

Die Bedingungen sind demnach erfüllt. Würde nun das Aufbaunetz Abb. 84 zugrunde gelegt, so müßte in (44) für i die Antriebsziffer des Rumpfgetriebes i_R eingesetzt werden. Es wäre

$$i_R = \frac{n_6}{n_a} = \frac{n_9 \cdot \dfrac{1}{\varphi^3}}{n_a} = \frac{800}{1200\cdot 2} = \frac{1}{3}\cdot$$

$i_R = \dfrac{1}{3}$ würde den obigen Bedingungen nicht entsprechen, also muß die Ausführung nach Aufbaunetz Abb. 83 gewählt werden, in der $i_R = i$. Dann wird nach (44)

$$\frac{z_1}{z_2} = 1{,}26\,(1{,}26+1) - \frac{1}{1{,}5\cdot 1{,}59}\cdot\frac{2-1}{1{,}26-1} = \frac{1{,}23}{1}\cdot$$

Die übrigen Übersetzungen errechnen sich dann nach den Ansatzgleichungen:

$$\frac{z_4}{z_5} = \frac{1}{\varphi^3}\cdot\frac{z_1}{z_2} = \frac{1}{2}\cdot\frac{1{,}23}{1} = \frac{1}{1{,}63}\,; \qquad \frac{z_5}{z_6} = i\cdot\frac{z_2}{z_1} = \frac{1}{1{,}5}\cdot\frac{1}{1{,}21} = \frac{1}{1{,}85}\,;$$

$$\frac{z_2}{z_3} = \frac{1}{\varphi^2}\cdot\frac{z_5}{z_6} = \frac{1}{1{,}59}\cdot\frac{1}{1{,}85} = \frac{1}{2{,}94}\,; \qquad \frac{z_7}{z_8} = \frac{1}{\varphi^3}\cdot\frac{z_4}{z_5} = \frac{1}{2}\cdot\frac{1}{1{,}63} = \frac{1}{3{,}26}\,;$$

$$\frac{z_9}{z_{10}} = \frac{1}{\varphi}\cdot\frac{z_5}{z_6} = \frac{1}{1{,}26}\cdot\frac{1}{1{,}85} = \frac{1}{2{,}33}\cdot$$

Für die Bestimmung der Zähnezahlen ist die größte Übersetzung zwischen Welle I und II zu suchen, hier $\dfrac{z_7}{z_8}$, und für das kleinere Rad — hier z_7 — eine Zähnezahl zu wählen. (Bei dieser Wahl ist zu beachten, daß das ganze Getriebe mit dem gleichen Modul ausgeführt wird. Es muß die Zähnezahl des kleinsten Rades möglichst gering bestimmt werden, da die getriebenen Räder der Welle II gleichzeitig auch wieder treibende Räder der Wellen II und III werden. Dadurch werden die Zahnsummen leicht reichlich groß.) Gewählt wird $z_7 = 19$. Es errechnet sich nun z_8 aus $z_8 = 3{,}26\,z_7 = 3{,}26\cdot 19 \approx 62$. Also Zahnsumme $S_1 = 19 + 62 = 81$. Damit können die Räder des ersten Grundgetriebes berechnet werden (nebenstehend). Bei dem zweiten Getriebe ist man nunmehr gebunden, und es wird aus $\dfrac{z_2}{z_3} = \dfrac{1}{2{,}94}\cdot z_3 = 2{,}94\cdot 36 \approx 106$.

$\dfrac{z_1}{z_2}$	$\dfrac{z_4}{z_5}$	$\dfrac{z_7}{z_8}$
$\dfrac{1{,}23}{1}$	$\dfrac{1}{1{,}63}$	$\dfrac{1}{3{,}26}$
2,23	2,63	4,26
	81	
36	31	19
$\dfrac{45}{36}$	$\dfrac{31}{50}$	$\dfrac{19}{62}$

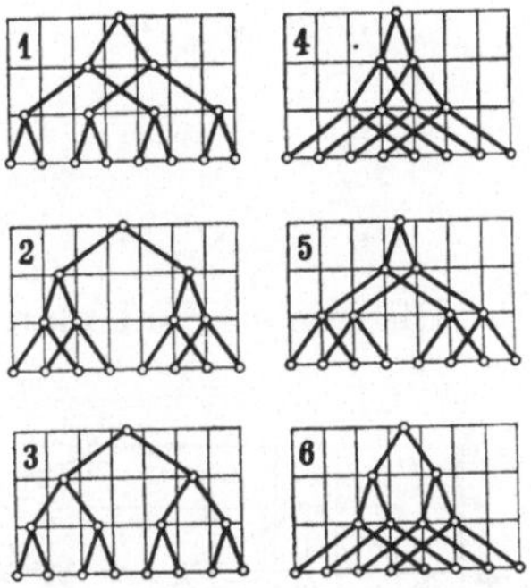

Mithin wird für das zweite Getriebe $S_2 = 106 + 36 = 142$.

Aus $\dfrac{z_5}{z_6} = \dfrac{1}{1{,}85}$ folgt $z_6 = 50\cdot 1{,}85 \approx 92$. Probe: $z_5 + z_6 = 50 + 92 = 142$. Bei den Rädern z_7 und z_{10} ist man nur gebunden durch die Gleichungen $\dfrac{z_9}{z_{10}} = \dfrac{1}{2{,}33}$ und $z_9 + z_{10} = 142$. Es wird $z_{10} = 2{,}33\cdot z_9$ und $3{,}33\cdot z_9 = 142$; $z_9 \approx 43$; $z_{10} = 142 - 43 = 99$.

Abb. 85.
Aufbaunetze für IV/8-Getriebe.

20. Mehrwellengetriebe. Durch Hintereinanderschalten zweier zweistufigen Zweiwellengetriebe erhielt man ein vierstufiges Dreiwellengetriebe: $2\cdot 2 = 4$. Entsprechend kann auch dieses Getriebe erweitert werden, wenn man hinter dem vierstufigen Dreiwellengetriebe nochmals ein zweistufiges Zweiwellengetriebe schaltet. Man erhält dann $2\cdot 2\cdot 2 = 8$, also ein Vierwellengetriebe mit 8 Enddrehzahlen. Für dieses Getriebe ergeben sich nun auch — entsprechend den Ausführungen der Grundgetriebe — verschiedene Möglichkeiten des Aufbaues, und zwar sind es hier 6 Arten (Abb. 85). Aus den sechsstufigen Dreiwellengetrieben

(III/6) ergeben sich durch Zuschaltung eines II/2-Getriebes zwölfstufige Vier-wellengetriebe (IV/12) mit den Möglichkeiten der Schaltungen $3 \cdot 2 \cdot 2$ oder $2 \cdot 3 \cdot 2$ oder $2 \cdot 2 \cdot 3$. Aus den III/8-Getrieben entstehen IV/16-Getriebe; aus den III/9 Getrieben IV/18 Getriebe usf.

Mit der Erhöhung der Stufenzahl wird bei gleichem Stufensprung der Bereich der Getriebe erweitert. Damit muß aber der Sprung zwischen den Übersetzungen wachsen. Abb. 86 zeigt das Aufbaunetz eines IV/12 Getriebes $2 \cdot 3 \cdot 2 = 12$. Zwischen den Wellen I bis III mit den Rädern 1...10 ist ein III/6-Getriebe eingebaut, dessen Drehzahlen durch die Räderpaare 11 — 12 und 13 — 14 verdoppelt werden. Bildet man die Gleichungen für die Übersetzungen, so wird für

$$n_{12} \quad \text{a)} \quad \frac{z_1}{z_2} \cdot \frac{z_5}{z_6} \cdot \frac{z_{11}}{z_{12}} = i, \qquad\qquad n_6 \quad \text{g)} \quad \frac{z_3}{z_4} \cdot \frac{z_5}{z_6} \cdot \frac{z_{11}}{z_{12}} = \frac{i}{\varphi^6},$$

$$n_{11} \quad \text{b)} \quad \frac{z_1}{z_2} \cdot \frac{z_5}{z_6} \cdot \frac{z_{13}}{z_{14}} = \frac{i}{\varphi}, \qquad\qquad n_5 \quad \text{h)} \quad \frac{z_3}{z_4} \cdot \frac{z_5}{z_6} \cdot \frac{z_{13}}{z_{14}} = \frac{i}{\varphi^7},$$

$$n_{10} \quad \text{c)} \quad \frac{z_1}{z_2} \cdot \frac{z_7}{z_8} \cdot \frac{z_{11}}{z_{12}} = \frac{i}{\varphi^2}, \qquad\qquad n_4 \quad \text{i)} \quad \frac{z_3}{z_4} \cdot \frac{z_7}{z_8} \cdot \frac{z_{11}}{z_{12}} = \frac{i}{\varphi^8},$$

$$n_9 \quad \text{d)} \quad \frac{z_1}{z_2} \cdot \frac{z_7}{z_8} \cdot \frac{z_{13}}{z_{14}} = \frac{i}{\varphi^3}, \qquad\qquad n_3 \quad \text{k)} \quad \frac{z_3}{z_4} \cdot \frac{z_7}{z_8} \cdot \frac{z_{13}}{z_{14}} = \frac{i}{\varphi^9},$$

$$n_8 \quad \text{e)} \quad \frac{z_1}{z_2} \cdot \frac{z_9}{z_{10}} \cdot \frac{z_{11}}{z_{12}} = \frac{i}{\varphi^4}, \qquad\qquad n_2 \quad \text{l)} \quad \frac{z_3}{z_4} \cdot \frac{z_9}{z_{10}} \cdot \frac{z_{11}}{z_{12}} = \frac{i}{\varphi^{10}},$$

$$n_7 \quad \text{f)} \quad \frac{z_1}{z_2} \cdot \frac{z_9}{z_{10}} \cdot \frac{z_{13}}{z_{14}} = \frac{i}{\varphi^5}, \qquad\qquad n_1 \quad \text{m)} \quad \frac{z_3}{z_4} \cdot \frac{z_9}{z_{10}} \cdot \frac{z_{13}}{z_{14}} = \frac{i}{\varphi^{11}}.$$

Dividiert man die Gleichungen a) durch g), so folgt $\dfrac{z_1}{z_2} : \dfrac{z_3}{z_4} = \varphi^6 = \varphi_{\mathrm{II}}$,

,,   ,,   ,,   ,,   a) ,, c), ,,   ,, $\dfrac{z_5}{z_6} : \dfrac{z_7}{z_8} = \varphi^2 = \varphi_{\mathrm{III}}$,

,,   ,,   ,,   ,,   c) ,, e), ,,   ,. $\dfrac{z_7}{z_8} : \dfrac{z_9}{z_{10}} = \varphi^2 = \varphi_{\mathrm{III}}$,

,,   ,,   ,,   ,,   a) ,, b), ,,   ,, $\dfrac{z_{11}}{z_{12}} : \dfrac{z_{13}}{z_{14}} = \varphi = \varphi_{\mathrm{IV}}$.

Hieraus erkennt man wieder, daß die Zwischendrehzahlen geometrisch gestuft sind. Weiterhin wird aus dieser Aufstellung deutlich, daß nach Wahl zweier Übersetzungen sämtliche anderen Übersetzungen festliegen, wenn i und φ gegeben sind. Man erkennt aber auch, daß die Ausführungsmöglichkeit dieser Getriebe wegen der großen Spanne zwischen den Übersetzungen begrenzt ist.

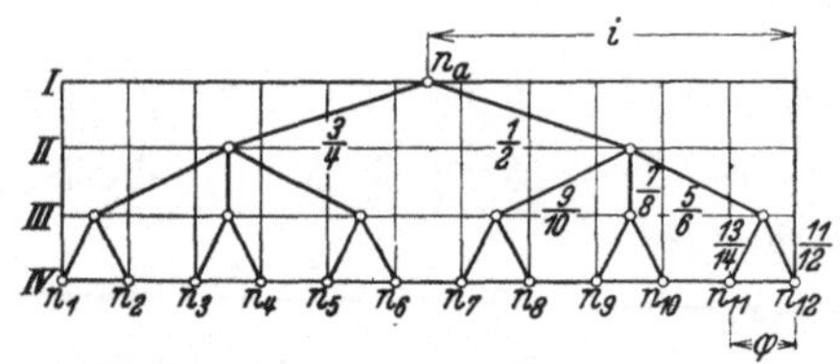

Abb. 86. Aufbaunetz eines III/12-Getriebes.

Bei dem vorliegenden Getriebe wird bei den Übersetzungen $\dfrac{z_1}{z_2}$ und $\dfrac{z_3}{z_4}$ eine Spanne von φ^6 verlangt. Da der zu überspannende Bereich höchstens 8 sein kann — wegen Grenzübersetzungen 2:1 und 1:4 —, so folgt hieraus, daß die Größe von φ begrenzt ist. Da $\varphi^6_{\max} = 8$, wird $\varphi_{\max} = \sqrt[6]{8} = 1{,}41$. Dieses $\varphi_{\max}$ wird aber nur erreicht bei der günstigsten Lage der Antriebsdrehzahl. Will man diese Getriebe mit einem größeren Stufensprung ausführen oder aber liegt — was meistens der Fall ist — die Antriebsdrehzahl ungünstig, so muß man die fraglichen Übersetzungen nicht aus 2, sondern aus 4 Rädern ausführen. Dadurch wird der Bereich der Getriebe bedeutend erweitert. Die hierbei notwendige Zwischenwelle ist aber für den Aufbau des Getriebes unwesentlich, weshalb solche Getriebe doch als Vierwellengetriebe angesprochen werden müssen. Im übrigen ist bei der Zufügung eines weiteren Räderpaares auf den Drehsinn zu achten. In Abb. 87, dem in Beispiel 16 behandelten Getriebe, muß z. B. ein Zwischenrad 16 eingeschaltet werden.

16. Beispiel. Es sind die Übersetzungen eines IV/12-Getriebes wie in Abb. 87 zu berechnen. $n_a = 750$, $n_{12} = 750$, $\varphi = 1{,}41$.

Lösung. Der Aufbau dieses Getriebes besteht aus einem III/6-Getriebe, dessen Enddrehzahlen durch ein II/2 verdoppelt werden. Für das III/6 wird Möglichkeit 3 (siehe Abb. 74) gewählt; die verdoppelnden Übersetzungen sollen sich überschneiden. Nach Abtragen der Antriebsdrehzahl (Abb. 88) und der Enddrehzahlen $n_1 \ldots n_{12}$ auf den Leitern I und IV,

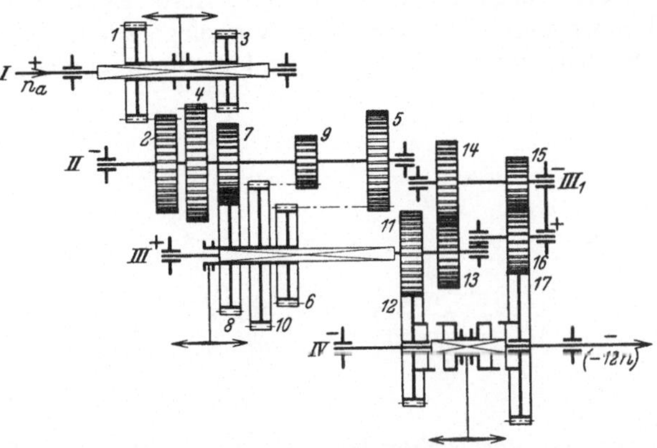

Abb. 87. IV/12-Getriebe.

scheint es zweckmäßig, die Übersetzungen der Räder 1—2 und 5—6 wie 11—12 mit $\frac{1}{1}$ auszuführen. Daraus ergibt sich dann das maßgerecht gezeichnete Drehzahlbild Abb. 88, und man findet für die Übersetzungen: $\dfrac{z_3}{z_4} = \dfrac{1}{1{,}41}$; $\dfrac{z_7}{z_8} = \dfrac{1}{2}$; $\dfrac{z_9}{z_{10}} = \dfrac{1}{4}$. Die letzte Übersetzung wird insgesamt $\dfrac{1}{8}$ und damit für ein Räderpaar zu groß. Es wird eine Zwischenwelle III_1 eingeschaltet und die Übersetzung in $\dfrac{z_{13}}{z_{14}} = \dfrac{1}{2}$ und $\dfrac{z_{15}}{z_{17}} = \dfrac{1}{4}$ aufgeteilt. Das Zwischenrad 16 muß des Drehsinnes wegen eingefügt werden.

Zur rechnerischen Lösung empfiehlt es sich, das gewählte Aufbaunetz des Getriebes zu zeichnen nach Art der Abb. 86. Es ergeben sich dann für den vorliegenden Fall die Gleichungen (in anderer Schreibweise):

$$
\begin{array}{llll}
n_{12}: & \text{a)} \ \dfrac{z_1}{z_2} = i, & \qquad n_6: & \text{g)} \ \dfrac{z_1}{z_2} = \dfrac{i}{\varphi^6}, \\[2mm]
n_{11}: & \text{b)} \ \dfrac{z_3}{z_4} = \dfrac{i}{\varphi}, & \qquad n_5: & \text{h)} \ \dfrac{z_3}{z_4} = \dfrac{i}{\varphi^7}, \\[2mm]
n_{10}: & \text{c)} \ \dfrac{z_1}{z_2} = \dfrac{i}{\varphi^2}, & \qquad n_4: & \text{i)} \ \dfrac{z_1}{z_2} = \dfrac{i}{\varphi^8}, \\[2mm]
n_9: & \text{d)} \ \dfrac{z_3}{z_4} = \dfrac{i}{\varphi^3}, & \qquad n_3: & \text{k)} \ \dfrac{z_3}{z_4} = \dfrac{i}{\varphi^9}, \\[2mm]
n_8: & \text{e)} \ \dfrac{z_1}{z_2} = \dfrac{i}{\varphi^4}, & \qquad n_2: & \text{l)} \ \dfrac{z_1}{z_2} = \dfrac{i}{\varphi^{10}}, \\[2mm]
n_7: & \text{f)} \ \dfrac{z_3}{z_4} = \dfrac{i}{\varphi^5}, & \qquad n_1: & \text{m)} \ \dfrac{z_3}{z_4} = \dfrac{i}{\varphi^{11}}.
\end{array}
$$

Nach Aufstellung der Gleichungen wird i errechnet, hier $i = 1$. Zwei Übersetzungen können dann gewählt werden, die übrigen folgen aus den Gleichungen. Meist wird man die Übersetzungen wählen, die am größten werden, um nicht die Grenzwerte zu überschreiten.

Hier wurde, um eine Übersetzung ins Schnelle zu vermeiden, gewählt $\dfrac{z_1}{z_2} = 1$ und $\dfrac{z_5}{z_6} = 1$.

Dann folgt aus Gleichung a) $\dfrac{z_{11}}{z_{12}} = 1$; aus b) $\dfrac{z_3}{z_4} = \dfrac{i}{\varphi} = \dfrac{1}{1{,}41}$; aus c) $\dfrac{z_7}{z_8} = \dfrac{i}{\varphi^2} = \dfrac{1}{2}$ und aus e) $\dfrac{z_9}{z_{10}} = \dfrac{i}{\varphi^4} = \dfrac{1}{4}$. Die letzte Übersetzung erhält man aus g) $\dfrac{z_{13}}{z_{14}} \cdot \dfrac{z_{15}}{z_{17}} = \dfrac{i}{\varphi^6} = \dfrac{1}{8}$. Diese

Übersetzung kann auf $\dfrac{z_{13}}{z_{14}}$ und $\dfrac{z_{15}}{z_{17}}$ nach Maßgabe der baulichen Erfordernisse aufgeteilt werden.

21. Vorgelegetriebe. Eine andere Erweiterungsmöglichkeit der Zwei- und Dreiwellengetriebe bieten die Vorgelege, die in der gleichen Art wie bei den Stufenscheibentrieben eingebaut werden. Je nachdem, ob ein einfaches oder doppeltes

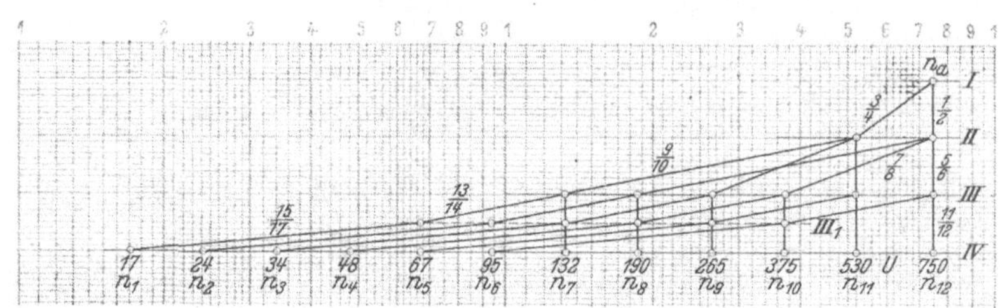

Abb. 88. Drehzahlbild für IV/12-Getriebe.

Vorgelege vorgesehen ist, kann die Zahl der Stufen verdoppelt oder verdreifacht werden. Abb. 89, das in Beispiel 17 behandelt ist, zeigt ein III/4 Getriebe mit doppeltem Vorgelege, also ein Getriebe mit 12 Enddrehzahlen, wie sie in dem Drehzahlbild Abb. 90 eingetragen sind. Nachteilig bei dem Einbau von reinen Vorgelegen sind die notwendigen Buchsen, die den Wirkungsgrad der Getriebe vermindern. Um diese Buchsen auf der Arbeitsspindel der Werkzeugmaschine zu vermeiden, findet man oft „Bodenräder" eingebaut, d. h. es wird hinter dem eigentlichen Getriebe zur Übertragung auf die Spindel noch ein weiteres Räderpaar oder ein Riementrieb vorgesehen. Der Aufbau des Getriebes nach Abb. 89 wäre dann z. B. nach Abb. 91 zu ändern. Welle III der Abb. 89 ist in Abb. 91 geteilt ausgeführt (etwa ineinander verbuchst); auf diese Weise sind überhaupt

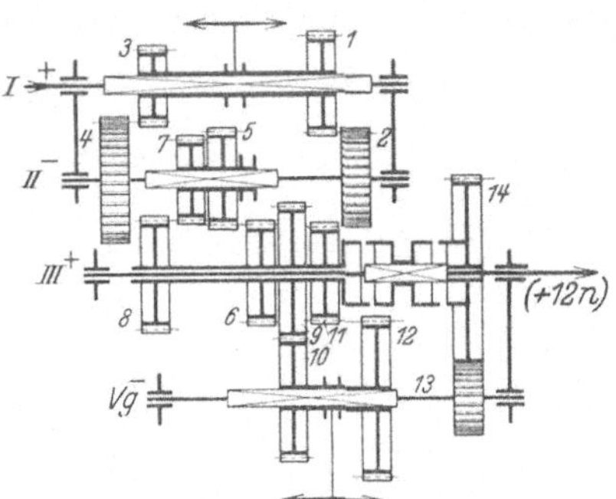

Abb. 89. III/4-Getriebe mit doppeltem Vorgelege und 12 Enddrehzahlen.

alle Buchsen vermieden. Kennzeichnend ist bei allen Vorgelegetrieben, daß die Enddrehzahlen des Grundgetriebes — in Abb. 89 die Drehzahlen n_{12}, n_{11}, n_{10}, n_9 — auch Enddrehzahlen des Gesamtgetriebes werden. (Die Anordnung des Boden-

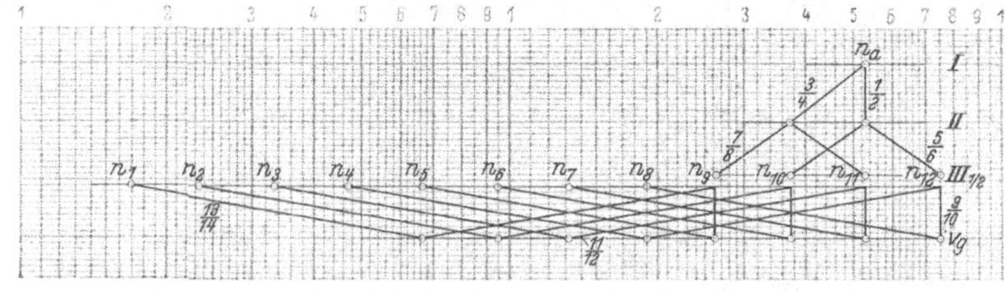

Abb. 90. Drehzahlbild für III/4-Getriebe mit doppeltem Vorgelege und 12 Enddrehzahlen.

rades mit einer Übersetzung $\neq 1$ ändert hieran nichts: das eigentliche Räderwechselgetriebe in Abb. 91 ist mit Welle III beendet.)

Vorgelegetriebe werden aber nicht nur zur Vervielfältigung der Gangzahl eines vorgeschalteten Getriebes benutzt, sondern werden auch als selbständige Getriebe eingebaut; z. B. in Werkzeugmaschinen bei Antrieb durch regelbare Elektromotore, deren Regelbereich kleiner als der der Maschine ist. Die Vorgelegetriebe sind hier besonders vorteilhaft, wenn große Übersetzungen zu überbrücken sind.

Ihre größte Verbreitung haben aber die Vorgelegetriebe durch den Kraftwagen gefunden, wo die Wechselgetriebe fast ausschließlich in dieser Form gebaut werden. Man wählt hier mit Vorliebe die Vorgelegeform, da dann im „direkten" Gang die Bewegung vom Motor zu dem Achsentrieb ohne Räder übertragen werden kann. Im allgemeinen werden in diesen Getrieben 3 oder 4 Vorwärtsgänge und ein Rückwärtsgang gefordert, d. h. eine der Übersetzungen wird mit 3 Rädern, die übrigen wie sonst mit 2 Rädern ausgeführt. Die gebräuchliche Form eines Vierganggetriebes zeigt Abb. 92. Um Buchsen zu vermeiden, wird bei den Getrieben im

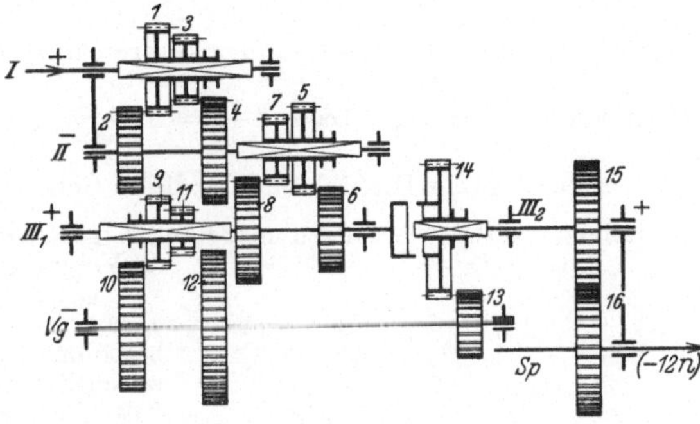

Abb. 91.
III/4-Getriebe mit doppeltem Vorgelege und Bodenrad.

Kraftwagen die Hauptwelle meist geteilt. Die Schaltungen sind dann folgende (mit den gebräuchlichen Mittelwerten für die Übersetzungen):

$$4.\ \text{Gang:}\quad I_1 - k - I_2 \qquad\qquad n_4 = n_a \qquad\qquad 1$$

$$3.\ \text{Gang:}\quad I_1 - \frac{1}{2} - II - \frac{3}{4} - I_2 \qquad n_3 = \frac{z_1}{z_2}\cdot\frac{z_3}{z_4}\cdot n_a \qquad \frac{1}{1,4}\cdots\frac{1}{1,8}$$

$$2\ \text{Gang:}\quad I_1 - \frac{1}{2} - II - \frac{5}{6} - I_2 \qquad n_2 = \frac{z_1}{z_2}\cdot\frac{z_5}{z_6}\cdot n_a \qquad \frac{1}{2,1}\cdots\frac{1}{3,1}$$

$$1.\ \text{Gang:}\quad I_1 - \frac{1}{2} - II - \frac{7}{8} - I_2 \qquad n_1 = \frac{z_1}{z_2}\cdot\frac{z_7}{z_8}\cdot n_a \qquad \frac{1}{3,7}\cdots\frac{1}{5,5}$$

$$R.\ \text{Gang:}\quad I_1 - \frac{1}{2} - II - \frac{9/10}{8} - I_2 \qquad (-n_R) = \frac{z_1}{z_2}\cdot\frac{z_9}{z_8}\cdot n_a \qquad \left(-\frac{1}{3,5}\right)\cdots\left(-\frac{1}{6}\right)$$

Das Drehzahlbild Abb. 93 zeigt für ein Getriebe die Aufteilung der Übersetzungen.

17. Beispiel. Es ist ein Getriebe der Vorgelegeform zu berechnen mit 12 Enddrehzahlen (Aufbau III/4 Getriebe mit doppeltem Vorgelege). $n_{12} = 750$, $n_a = 530$, $\varphi = 1,41$ (Abb. 89).

Lösung. Wählt man für das III/4 Getriebe einen Aufbau nach Abb. 73, so ergeben sich bei doppeltem Vorgelege die folgenden Ansatzgleichungen:

Abb. 92. V/4-Getriebe für Kraftwagen.

	1. Vorgelege			2. Vorgelege	

$$n_{12}\quad \text{a)}\ \frac{z_1}{z_2}\cdot\frac{z_5}{z_6} = i \qquad n_8\quad \text{e)}\ a = \frac{i}{\varphi^4} \qquad n_4\quad \text{i)}\ a = \frac{i}{\varphi^8}$$

$$n_{11}\quad \text{b)}\ \frac{z_3}{z_4}\cdot\frac{z_5}{z_6} = \frac{i}{\varphi} \qquad n_7\quad \text{f)}\ b = \frac{i}{\varphi^5} \qquad n_3\quad \text{k)}\ b = \frac{i}{\varphi^9}$$

$$n_{10}\quad \text{c)}\ \frac{z_1}{z_2}\cdot\frac{z_7}{z_8} = \frac{i}{\varphi^2} \qquad \frac{z_9}{z_{10}}\cdot\frac{z_{13}}{z_{14}} \quad n_6\quad \text{g)}\ c = \frac{i}{\varphi^6} \qquad \frac{z_{11}}{z_{12}}\cdot\frac{z_{13}}{z_{14}} \quad n_2\quad \text{l)}\ c = \frac{i}{\varphi^{10}}$$

$$n_9\quad \text{d)}\ \frac{z_3}{z_4}\cdot\frac{z_7}{z_8} = \frac{i}{\varphi^3} \qquad n_5\quad \text{h)}\ d = \frac{i}{\varphi^7} \qquad n_1\quad \text{m)}\ d = \frac{i}{\varphi^{11}}$$

$$\text{Aus e}) : \text{a}) \text{ folgt n}) \quad \frac{z_9}{z_{10}} \cdot \frac{z_{11}}{z_{12}} = \frac{1}{\varphi^4},$$

$$\text{,, i}) : \text{a}) \quad \text{,, o}) \quad \frac{z_{11}}{z_{12}} \cdot \frac{z_{13}}{z_{14}} = \frac{1}{\varphi^8},$$

$$\text{,, n}) : \text{o}) \quad \text{,, p}) \quad \frac{z_9}{z_{10}} = \varphi^4 \cdot \frac{z_{13}}{z_{14}}.$$

Nimmt man an $\dfrac{z_1}{z_2} = 1$, so kann man errechnen aus a): $\dfrac{z_5}{z_6} = i$ und aus b): $\dfrac{z_3}{z_4} = \dfrac{1}{\varphi}$,
ferner aus c): $\dfrac{z_7}{z_8} = \dfrac{i}{\varphi^2}$. Da $i = \dfrac{750}{530} = 1{,}41 = \varphi$, so wird $\dfrac{z_5}{z_6} = \dfrac{1{,}41}{1}$, $\dfrac{z_3}{z_4} = \dfrac{1}{1{,}41}$, $\dfrac{z_7}{z_8} = \dfrac{1}{1{,}41}$.

In Abb. 90 ist das Drehzahlbild für dieses Getriebe bei Annahme $\dfrac{z_1}{z_2} = 1$ zur zeichnerischen Ermittlung der Übersetzungen maßstäblich gezeichnet. Die Aufteilung der Übersetzungen des Vorgeleges kann auf Grund baulicher Erwägungen bestimmt werden, wesentlich ist nur, daß die Gesamtübersetzung erhalten bleibt.

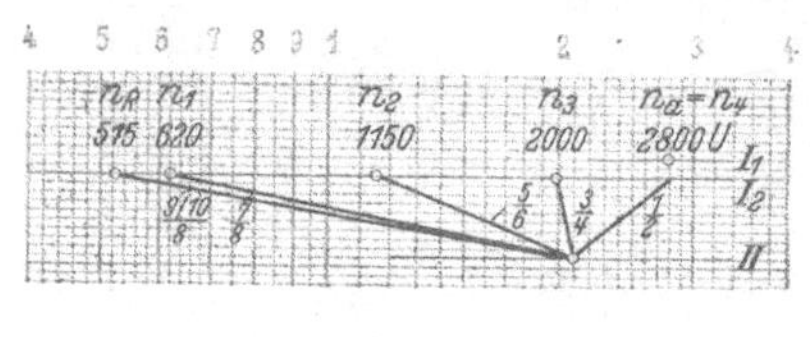

Abb. 93.
Drehzahlbild eines V/4-Getriebes.

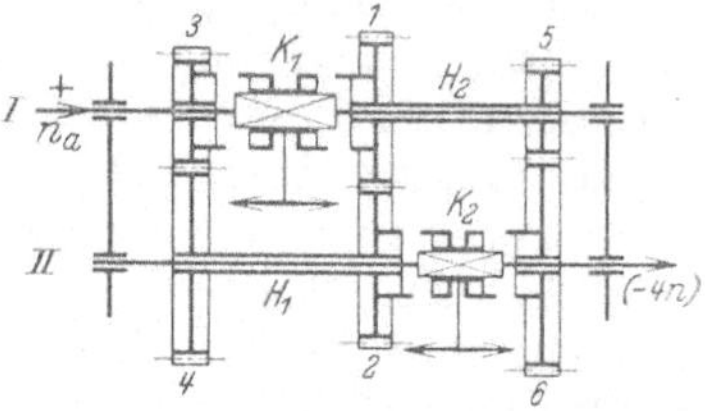

Abb. 94. Getriebe mit 1 Windungsgang und 4 Enddrehzahlen.

22. Getriebe mit Windungsstufen. Die Bezeichnung dieser Getriebe deutet schon an, daß zur Erreichung einiger Drehzahlen der Kraftweg durch das Getriebe „Windungen" ausführen muß. In Abb. 94 ist ein vierstufiges Getriebe dieser Bauart dargestellt. Die Räder sitzen nicht fest auf der Welle, sondern auf Hülsen, und können durch die Kupplungen k_1 und k_2 mit der Welle verbunden werden. Die Wege für die einzelnen Drehzahlen sind mit den Kupplungsstellungen:

$$n_4: \; I - k_1 - 1 - 2 - k_2 - II \qquad\qquad n_4 = \frac{z_1}{z_2} \cdot n_a;$$

$$n_3: \; I - k_1 - 3 - 4 - H_1 - k_2 - II \qquad\qquad n_3 = \frac{z_3}{z_4} \cdot n_a;$$

$$n_2: \; I - k_1 - H_2 - 5 - 6 - k_2 - II \qquad\qquad n_2 = \frac{z_5}{z_6} \cdot n_a;$$

$$n_1: \; I - k_1 - 3 - 4 - H_1 - 2 - 1 - H_2 - 5 - 6 - k_2 - II \quad n_1 = \frac{z_3}{z_4} \cdot \frac{z_2}{z_1} \cdot \frac{z_5}{z_6} \cdot n_a.$$

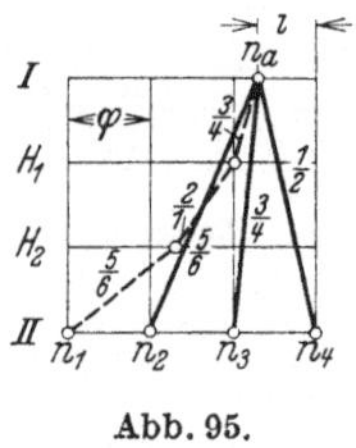

Abb. 95. 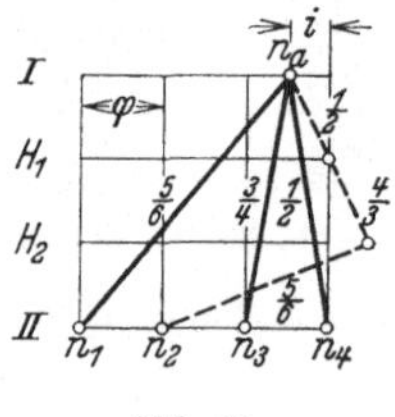   Abb. 96. 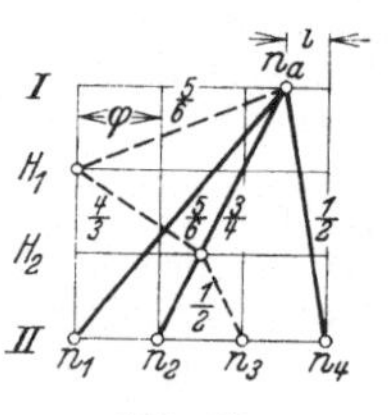   Abb. 97. 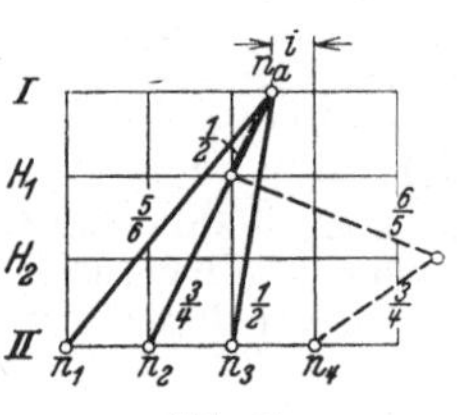   Abb. 98.
Abb. 95 ... 98. Aufbaunetze für Getriebe mit einem Windungsgang bei vier Enddrehzahlen.

Der Weg bei der Drehzahl n_1 ist die sogenannte Windungsstufe. Das Aufbaunetz Abb. 95 hierzu ist so ausgebildet, daß auf den beiden Zwischenleitern die Drehzahlen der Hülsen aufgetragen sind. Bei der Windungsstufe wird zunächst für $\dfrac{z_3}{z_4}$ das Stück $\dfrac{i}{\varphi}$ aufgetragen auf Leiter H_1. Von dort nach H_2 muß der Abstand i sein, da die Räder $\dfrac{z_1}{z_2}$ die Verbindung herstellen. Dieses Stück muß jetzt jedoch nach der anderen Richtung, also nach links, aufgetragen werden, da die Bewegung umgekehrt von z_2 auf z_1 erfolgt. Schließlich bleibt der Abstand $\dfrac{i}{\varphi^2}$ für die Übersetzung der Räder $\dfrac{z_5}{z_6}$. Aus dem Aufbaunetz folgt dann sofort: $\dfrac{z_1}{z_2} = i$; $\dfrac{z_3}{z_4} = \dfrac{i}{\varphi}$; $\dfrac{z_5}{z_6} = \dfrac{i}{\varphi^2}$. Demnach erhält man wie oben:

$$n_4 = \frac{z_1}{z_2} \cdot n_a = i \cdot n_a; \qquad n_2 = \frac{z_5}{z_6} \cdot n_a = \frac{i}{\varphi^2} \cdot n_a;$$

$$n_3 = \frac{z_3}{z_4} \cdot n_a = \frac{i}{\varphi} \cdot n_a; \qquad n_1 = \frac{z_3}{z_4} \cdot \frac{z_2}{z_1} \cdot \frac{z_5}{z_6} \cdot n_a = \frac{i}{\varphi^3} \cdot n_a.$$

Das ist im übrigen nicht die einzige Möglichkeit. Es kann auch die Drehzahl n_2 durch Windungsstufen erzeugt werden: Abb. 96 zeigt das Aufbaunetz, aus dem folgt: $\dfrac{z_1}{z_2} = i$; $\dfrac{z_3}{z_4} = \dfrac{i}{\varphi}$; $\dfrac{z_5}{z_6} = \dfrac{i}{\varphi^3}$.

Für die Windungsstufe wird dann: $n_2 = \dfrac{z_1}{z_2} \cdot \dfrac{z_4}{z_3} \cdot \dfrac{z_5}{z_6} \cdot n_a = \dfrac{i}{1} \cdot \dfrac{\varphi}{i} \cdot \dfrac{i}{\varphi^3} \cdot n_a = \dfrac{i}{\varphi^2} \cdot n_a$.
Selbstverständlich bedingt jede andere Möglichkeit eine entsprechende Ausbildung der Räder. Auch n_3 kann durch Windungsstufe erzeugt werden (Abb. 97). Dann wird

$$\frac{z_1}{z_2} = i; \quad \frac{z_3}{z_4} = \frac{i}{\varphi^2}; \quad \frac{z_5}{z_6} = \frac{i}{\varphi^3} \quad \text{und} \quad n_3 = \frac{z_5}{z_6} \cdot \frac{z_4}{z_3} \cdot \frac{z_1}{z_2} \cdot n_a = \frac{i}{\varphi^3} \cdot \frac{\varphi^2}{i} \cdot \frac{i}{1} \cdot n_a = \frac{i}{\varphi} \cdot n_a.$$

Schließlich noch n_4 durch Windungsstufe (Abb. 98):

$$\frac{z_1}{z_2} = \frac{i}{\varphi}; \quad \frac{z_3}{z_4} = \frac{i}{\varphi^2}; \quad \frac{z_5}{z_6} = \frac{i}{\varphi^3} \quad \text{und}$$

$$n_4 = \frac{z_1}{z_2} \cdot \frac{z_6}{z_5} \cdot \frac{z_3}{z_4} \cdot n_a = \frac{i}{\varphi} \cdot \frac{\varphi^3}{i} \cdot \frac{i}{\varphi^2} \cdot n_a = i \cdot n_a.$$

Auch dieses vierstufige Getriebe läßt sich erweitern, wenn man noch ein Räderpaar zu dem vorderen hinzufügt. Abb. 99 zeigt ein solches Getriebe, bei dem statt des einen Räderpaares 3—4 in Abb. 94 zwei Räderpaare 3—4 und 5—6 eingebaut

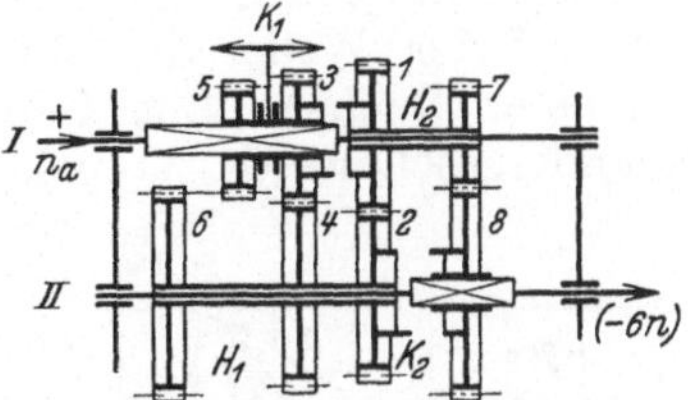

Abb. 99. Getriebe mit 2 Windungsgängen und 6 Enddrehzahlen.

sind. Die Schaltungen, mit deren Hilfe sich 6 Drehzahlen erzeugen lassen, sind dann:

$$n_6 \quad I - k_1 - \frac{1}{2} - k_2 - II \qquad\qquad n_6 = \frac{z_1}{z_2} \cdot n_a;$$

$$n_5 \quad I - \frac{3}{4} - H_1 - k_2 - II \qquad\qquad n_5 = \frac{z_3}{z_4} \cdot n_a;$$

$$n_4 \quad I - \frac{5}{6} - H_1 - k_2 - II \qquad\qquad n_4 = \frac{z_5}{z_6} \cdot n_a;$$

$$n_3 \quad I - k_1 - H_2 - \frac{7}{8} - II \qquad\qquad n_3 = \frac{z_7}{z_8} \cdot n_a,$$

$$n_2 \quad I - \frac{3}{4} - H_1 - \frac{2}{1} - H_2 - \frac{7}{8} - II \quad n_2 = \frac{z_3}{z_4} \cdot \frac{z_2}{z_1} \cdot \frac{z_7}{z_8} \cdot n_a;$$

$$n_1 \quad I - \frac{5}{6} - H_1 - \frac{2}{1} - H_2 - \frac{7}{8} - II \quad n_1 = \frac{z_5}{z_6} \cdot \frac{z_2}{z_1} \cdot \frac{z_7}{z_8} \cdot n_a.$$

Die Übersetzungen werden:

$$\frac{z_1}{z_2} = i; \quad \frac{z_3}{z_4} = \frac{i}{\varphi}; \quad \frac{z_5}{z_6} = \frac{i}{\varphi^2}; \quad \frac{z_7}{z_8} = \frac{i}{\varphi^3}.$$

Schließlich sei dann noch ein achtstufiges Getriebe gezeigt (Abb. 100), bei dem mit 8 Rädern 8 Drehzahlen erreicht werden. Die Schaltungen und Wege gehen aus der Abb. 101 hervor. Das Aufbaunetz Abb. 102 liefert die Übersetzungen:

$$\frac{z_1}{z_2} = i; \quad \frac{z_3}{z_4} = \frac{i}{\varphi^2}; \quad \frac{z_5}{z_6} = \frac{i}{\varphi^3}; \quad \frac{z_7}{z_8} = \frac{i}{\varphi^4}.$$

Getriebe dieser Art werden auch als Ruppert-Getriebe bezeichnet, wenngleich das eigentliche Ruppert-Getriebe einen etwas anderen Aufbau zeigt. Erspart werden bei diesen Getrieben Räder. Dieser Vorteil wird jedoch durch einen verwickelten Aufbau und durch eine Anhäufung von Hülsen und Kupplungen erkauft, so daß der Wirkungsgrad der Getriebe sinkt und der Einbau erschwert wird.

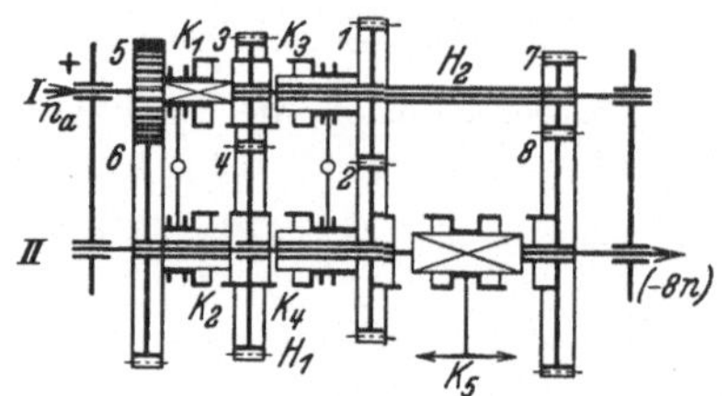

Abb. 100. Getriebe mit 4 Windungsgängen und 8 Enddrehzahlen.

n	Räder	K_1 K_2	K_3 K_4	K_5	$\frac{5}{6}$	$\frac{3}{4}$	$\frac{1}{2}$	$\frac{7}{8}$
n_8	1-2							
n_7	5-6, 4-3; 1-2							
n_6	3-4							
n_5	5-6							
n_4	7-8							
n_3	5-6; 4-3, 7-8							
n_2	3-4, 2-1, 7-8							
n_1	5-6; 2-1; 7-8							

Abb. 101. Gänge und Schaltungen zu Abb. 100.

Häufiger im Gebrauch sind dagegen die Vervielfältigungsgetriebe — auch Mäandergetriebe genannt, die besonders in Vorschubgetrieben die Drehzahlen „verdoppeln" sollen. Bei diesen Getrieben (Abb. 103) sitzt Rad 1 als einziges Rad fest auf der Welle, die übrigen lose, aber immer je zwei auf einer Buchse. Das Getriebe besteht also aus hintereinandergeschalteten Vorgelegen, von denen man durch wahlweises Einlegen der Schwinge mit Rad 8 in 2 oder 3 oder 6 oder 7 einen beliebigen Teil benutzen kann. Führt man nun z. B. die Räder 2, 4, 6 mit 60 Zähnen aus und die Räder 1, 3, 5, 7, 9 mit 30 Zähnen (Rad 8 beliebig als Zwischenrad), so erhält man die Übersetzungen beim Einlegen in

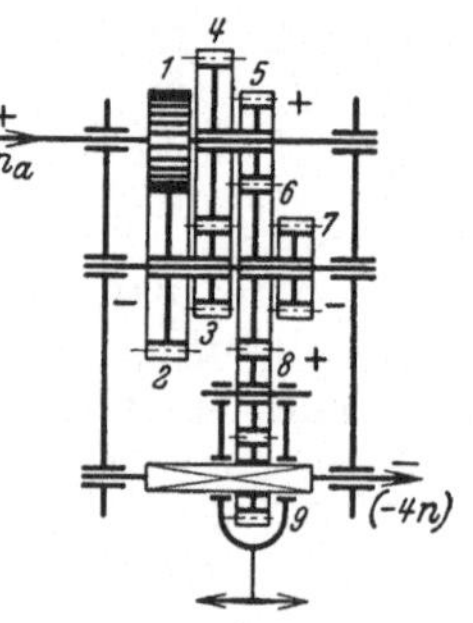

Abb. 103. Vervielfältigungsgetriebe

Abb. 102. Aufbaunetz zu Abb. 100.

$$\text{Rad 2: } n_4 = \frac{z_1}{z_9} \cdot n_a \qquad\qquad u_4 = \frac{1}{1};$$

$$\text{Rad 3: } n_3 = \frac{z_1}{z_2} \cdot \frac{z_3}{z_9} \cdot n_a \qquad\qquad u_3 = \frac{1}{2} \cdot \frac{1}{1} = \frac{1}{2};$$

$$\text{Rad 6: } n_2 = \frac{z_1}{z_2} \cdot \frac{z_3}{z_4} \cdot \frac{z_5}{z_9} \cdot n_a \qquad u_2 = \frac{1}{2} \cdot \frac{1}{2} \cdot \frac{1}{1} = \frac{1}{4};$$

$$\text{Rad 7: } n_1 = \frac{z_1}{z_2} \cdot \frac{z_3}{z_4} \cdot \frac{z_5}{z_6} \cdot \frac{z_7}{z_9} \cdot n_a \qquad u_1 = \frac{1}{2} \cdot \frac{1}{2} \cdot \frac{1}{2} \cdot \frac{1}{1} = \frac{1}{8}.$$

Wird $\frac{z_1}{z_9} = 1 : 2$ ausgeführt, so erhält man die Übersetzungen $\frac{1}{2}, \frac{1}{4}, \frac{1}{8}, \frac{1}{16}$. Umgekehrt kann man auch ins Schnelle übersetzen oder auch die Anfangsdrehzahl erhöhen und erniedrigen (Abb. 104). Die Räder 1 und 4 sind hier fest, die übrigen sitzen wieder paarweise auf Hülsen. Wird die Übersetzung nun z. B. 1 : 3 gewählt und z. B. $z_1 = z_3 = z_5 = z_7 = z_9 = z_{12} = 60$ und $z_2 = z_4 = z_6 = z_8 = z_{10} = 20$, so erhält man, wenn Rad 11 liegt in

$$\text{Rad 3: } u_6 = \frac{z_1}{z_2} \cdot \frac{z_3}{z_{12}} = \frac{3}{1} \cdot \frac{1}{1} = \frac{3}{1}, \qquad \text{Rad 6: } u_3 = \frac{z_4}{z_5} \cdot \frac{z_6}{z_{12}} = \frac{1}{3} \cdot \frac{1}{3} = \frac{1}{9};$$

$$\text{Rad 2: } u_5 = \frac{z_1}{z_{12}} = \frac{1}{1}; \qquad \text{Rad 9: } u_2 = \frac{z_4}{z_5} \cdot \frac{z_6}{z_7} \cdot \frac{z_8}{z_{12}} = \frac{1}{3} \cdot \frac{1}{3} \cdot \frac{1}{3} = \frac{1}{27};$$

$$\text{Rad 5: } u_4 = \frac{z_4}{z_{12}} = \frac{1}{3}; \qquad \text{Rad 10: } u_1 = \frac{z_4}{z_5} \cdot \frac{z_6}{z_7} \cdot \frac{z_8}{z_9} \cdot \frac{z_{10}}{z_{12}} = \frac{1}{3} \cdot \frac{1}{3} \cdot \frac{1}{3} \cdot \frac{1}{3} = \frac{1}{81}.$$

Es kann somit eine große Übersetzung erreicht werden, die aber — was bei der Berechnung zu berücksichtigen ist — die letzten Räder erheblich beansprucht. Diese Getriebe finden daher, wie die Nortongetriebe, nur Anwendung bei Vorschubgetrieben, d. h. bei geringen Kräften und kleinen Drehzahlen (siehe Beispiel 20 S. 60).

23. Rädergetriebe für Regelantriebe. Wird nicht mit einer gleichbleibenden, sondern mit veränderlicher Drehzahl angetrieben, so sind für den Aufbau nachgeschalteter Räderwechseltriebe einige Gesichtspunkte zu beachten. Als Antriebsarten kommen hier solche in Frage, die mehrere bestimmte Drehzahlen zulassen, z. B. polumschaltbare Drehstrommotoren mit 1500/3000 u. a. Umdrehungen, oder aber solche, die innerhalb eines Bereiches die Einschaltung jeder beliebigen Drehzahl gestatten, z. B. Regelmotore, P. I. V. und Variator-Getriebe, Flüssigkeitsgetriebe usf. Das nachgeschaltete Getriebe muß so entworfen werden, daß im ersteren Falle eine fortlaufende geometrische Reihe entsteht, während im zweiten Fall innerhalb des Maschinenregelbereiches jede Drehzahl einstellbar sein soll.

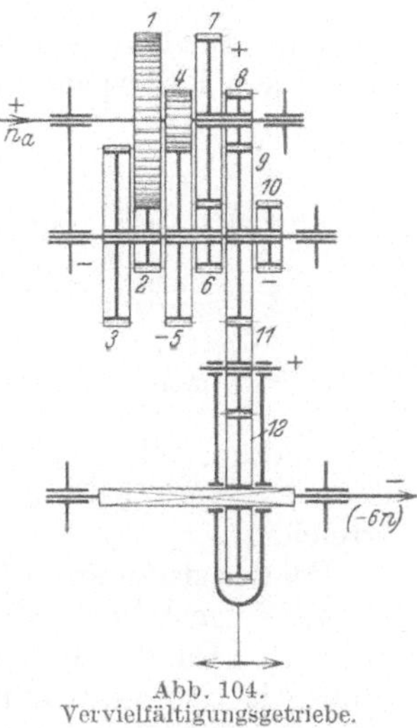

Abb. 104.
Vervielfältigungsgetriebe.

Sind im ersteren Fall die Antriebsdrehzahlen z. B. 750/1500 also $n_{a_1} = 750$ und $n_{a_2} = 1500$, so muß $n_{a_2} = \varphi^s \cdot n_{a_1}$ oder $\varphi^s = \dfrac{n_{a_2}}{n_{a_1}}$ gewählt werden. Es würde also $\varphi^s = \dfrac{1500}{750} = 2$. Der Exponent s kann nun gewählt werden: bei $s = 1$ würde $\varphi = \sqrt[1]{2} = 2$, bei $s = 2$ dagegen $\varphi = \sqrt[2]{2} = 1{,}41$, bei $s = 3$ schließlich $\varphi = \sqrt[3]{2} = 1{,}26$ usf. Die Gangzahl g wird dann ein Vielfaches von $2\,s$, wenn sich keine Drehzahl überlagert und die höchstmögliche Gangzahl erzeugt wird. Sind bei den obigen Antriebsdrehzahlen 8 Enddrehzahlen gefordert mit $n_8 = 1050$ und $\varphi = 1{,}41$, so wäre nach den Normen die Drehzahlreihe:

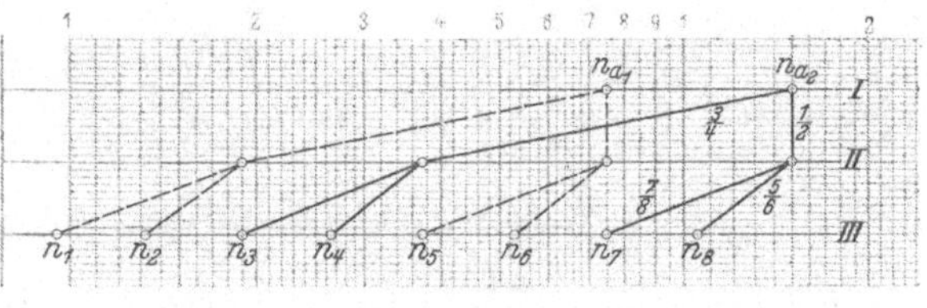

Abb. 105.
Drehzahlbild eines III/4-Getriebes mit 2 Antriebsdrehzahlen.

$$n_{a_2}: \quad n_8 = 1050; \quad n_7 = 750; \quad \mid \quad n_4 = 265; \quad n_3 = 190;$$

$$n_{a_1}: \quad n_6 = 525; \quad n_5 = 375; \quad \mid \quad n_2 = 132; \quad n_1 = 95;$$

Da nun $\dfrac{n_{a_2}}{n_{a_1}} = \dfrac{1500}{750} = 2 = \varphi^2$ ist, so muß das Getriebe so entworfen werden, daß die Antriebsdrehzahl $n_{a_2} = 1500$ die Drehzahlen $n_8 - n_7 - n_4 - n_3$ erzeugt. Wird dann die Antriebsdrehzahl $n_{a_1} = 750$ eingeschaltet, so entstehen aus diesen Drehzahlen die Stufen $n_6 - n_5 - n_2 - n_1$, denn $n_6 = \dfrac{n_8}{\varphi^2}$, $n_5 = \dfrac{n_7}{\varphi^2}$. Abb. 105

zeigt ein Drehzahlbild dieses Getriebes, wobei das ausgezogene Netz bei $n_{a_2} = 1500$ und das gestrichelte bei $n_{a_1} = 750$ erzeugt wird.

Wäre bei den gleichen Antriebsdrehzahlen $\varphi = 1{,}26$ gewählt worden und wären 12 Drehzahlen gefordert, $n_{12} = 950$, so würde die Reihe:

$$n_{a_2}:\ n_{12} = 950;\quad n_{11} = 750;\quad n_{10} = 600;\ \Big|\ n_6 = 235;\quad n_5 = 190;\quad n_4 = 150;$$

$$n_{a_1}:\ n_9 = 475;\quad n_8 = 375;\quad n_7 = 300;\ \Big|\ n_3 = 118;\quad n_2 = 95;\quad n_1 = 75.$$

Die oberen Drehzahlen erzeugt n_{a_2}, die unteren n_{a_1}, da entsprechend $n_9 = \dfrac{n_{12}}{\varphi^3}$ usf. ist. In den Getrieben dieser Art ergeben sich dann oft große Sprünge, die mit einem Räderpaar nicht zu überbrücken sind. Einfache Zwei- oder Dreiwellengetriebe können hier zur Lösung seltener benutzt werden.

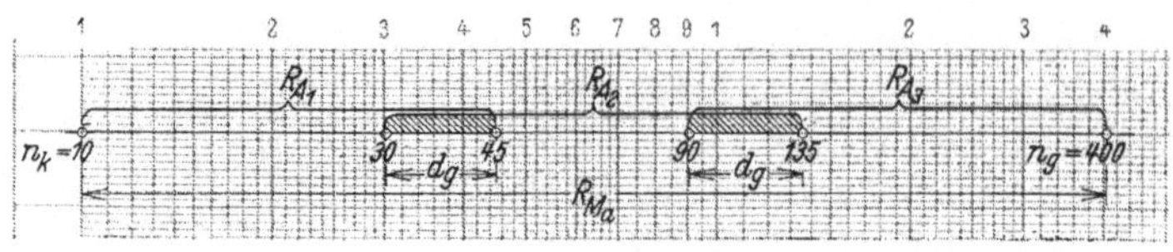

Abb. 106. Stufenlose Regelung mit Überdeckungen.

Außer der Drehzahl kann auch oft der Drehsinn geändert werden. Durch Verbindung mit Vorgelegen bzw. mit vorgebauten Wendegetrieben kann man dann mit verhältnismäßig wenigen Rädern eine größere Zahl von Abtriebsstufen erreichen.

Bei der stufenlosen Regelung durch ein P. I. V.-Getriebe können Regelbereiche bis 4,5 eingestellt werden; bei Regelmotoren bis etwa 3, bei Flüssigkeitsgetrieben etwa 10. Da der Regelbereich der Werkzeugmaschinen R_{Ma} meist beträchtlich größer ist, so muß ein Räderwechselgetriebe eingebaut werden. Die Zahl der nötigen Gänge g bestimmt sich dann nach

$$g = \frac{\lg R_{Ma}}{\lg R_A}. \tag{46}$$

Ist z. B. $R_{Ma} = 64$ und der Regelbereich des veränderlichen Antriebes $R_A = 4$, so wird $g = \dfrac{1{,}806}{0{,}602} = 3$, also 3 Gänge. Ist die höchste Drehzahl $n_g = 640$, so muß die kleinste $n_k = \dfrac{640}{64} = 10$ sein. Das Getriebe ließe sich regeln von 640 auf

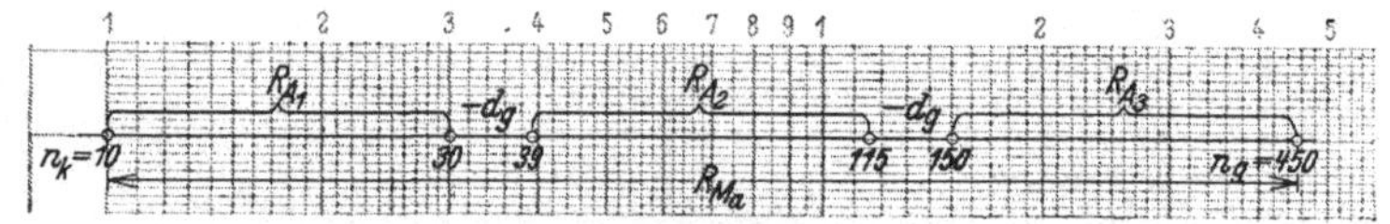

Abb. 107. Stufenlose Regelung mit Unterbrechungen.

160 U/min = 1. Stufe, von 160 auf 40 U/min = 2. Stufe und schließlich von 40 auf 10 U/min = 3. Stufe.

Meist wird jedoch eine Überdeckung der einzelnen Regelbereiche verlangt. Bezeichnet man den Überdeckungsgrad mit d_g, so wird nun die Gangzahl

$$g = \frac{\lg R_{Ma} - \lg d_g}{\lg R_A - \lg d_g}. \tag{47}$$

Ist z. B. bei einer Werkzeugmaschine $R_{Ma} = 40$ und $R_A = 4{,}5$, der Überdeckungsgrad $d_g = 1{,}5$, so wird $g = \dfrac{1{,}602 - 0{,}176}{0{,}653 - 0{,}176} \approx 3$. Abb. 106 zeigt, daß die erste Stufe den Bereich der Drehzahlen 10 ... 45 überspannt, die zweite Stufe 30 ... 135, die dritte $90 \ldots 400$. Die Drehzahlen $30 \ldots 45$ und $90 \ldots 135$ sind überdeckt, und der Überdeckungsgrad ist $d_g = \dfrac{45}{30} = \dfrac{135}{90} = 1,5$.

Schließlich kann auch die Überdeckung „negativ" sein, d. h. es bleibt zwischen den einstellbaren Drehzahlreihen ein nicht einschaltbarer Bereich. Man wendet eine solche negative Überdeckung an, um den Bereich R_{Ma} der Maschine zu erweitern, ohne die Zahl der Räderstufen zu erhöhen. In Abb. 107 ist ein solcher Fall gezeichnet, bei dem $R_{Ma} = 45$, $R_A = 3$ und $d_g = -1,3$ gewählt wurde. Die Gangzahl errechnet sich dann aus (47) zu $g = \dfrac{1,653 + 0,113}{0,474 + 0.113} \approx 3$.

(Siehe auch Beispiel 21 S. 61.)

IV. Getriebe mit stufenlosem Regelbereich.

Die bisher behandelten Getriebe gestatten die Einschaltung einer Reihe bestimmter Drehzahlen. Im folgenden Abschnitt sollen nun solche besprochen werden, die innerhalb eines begrenzten Regelbereiches die Wahl jeder Übersetzung zulassen.

24. Zugmitteltriebe. Bei den Zugmitteltrieben wird die Bewegung von der mit unveränderlicher Drehzahl laufenden Antriebswelle auf die Abtriebswelle durch ein Zugmittel übertragen, das strahlig oder achsig verschiebbar ist. Bildet man z. B. die An- und Abtriebsscheibe kegelig

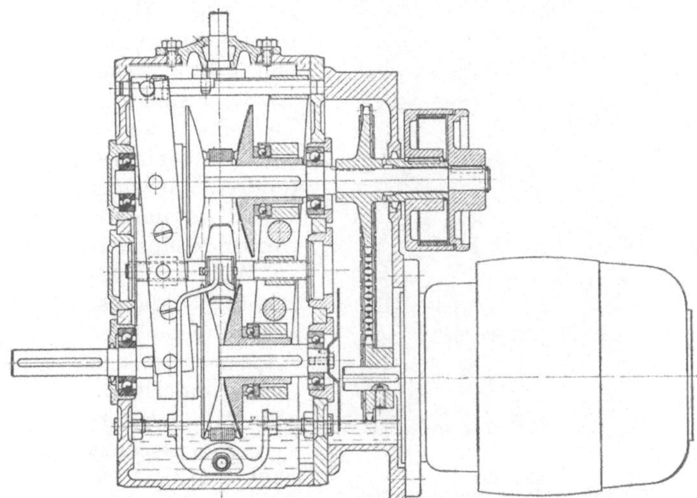

Abb. 108. P.I.V.-Getriebe mit angeflanschtem Elektromotor.

aus, — also als Stufenscheibe mit unendlich vielen Stufen — und verschiebt den Riemen achsig, so ist die Übersetzung zwischen den beiden Grenzübersetzungen $\dfrac{n_{k\mathrm{II}}}{n_{g\mathrm{I}}}$ und $\dfrac{n_{g\mathrm{II}}}{n_{k\mathrm{I}}}$ $(n_{g\mathrm{I}} = n_{k\mathrm{I}})$ einstellbar. Die Drehzahl auf der Abtriebswelle ändert sich nicht entsprechend der Verschiebung (siehe Kurve Abb. 58). Der Regelbereich derartiger Getriebe ist aus naheliegenden Gründen nicht sehr groß und beträgt etwa $R_A = 2$.

Größere Bedeutung haben die Getriebe, bei denen das Zugmittel strahlig verstellbar ist. Bei dem P. I. V.-Getriebe (Abb. 108) wird zwangläufig durch eine Kette mitgenommen, deren einzelne Glieder Platten enthalten, die quer verschiebbar sind und sich in die strahlig verlaufenden Nuten der Regelscheiben einschieben können (Abb. 109). Die Kegelscheiben müssen daher so zusammengebaut werden, daß Zahn und Lücke gegenüberstehen. Der Flender-Variator arbeitet mit einem kegeligen Riemen. Mit diesen Getrieben kann ein Regelbereich R_A von etwa 4,5 überbrückt werden. Der Wirkungsgrad, der bei allen Regelbereichen gleich bleibt, wird mit $90 \ldots 96\%$ angegeben.

25. Reibgetriebe. Die Mängel der Reibgetriebe werden durch den mit einfachen

Mitteln erreichten Vorteil der Regelbarkeit ausgeglichen, so daß sie oft durch andere Getriebe kaum zu ersetzen sind.

Ein Reibgetriebe mit veränderlicher Abtriebsdrehzahl erhält man, wenn zwischen zwei kegeligen Scheiben eine Rolle liegt. Soll der Drehsinn des Abtriebes umgekehrt sein, so kann die Zwischenrolle durch einen endlosen Riemen oder Stahlring ersetzt werden, der um eine Scheibe liegt.

Gebräuchlicher sind im Werkzeugmaschinenbau Tellerräder. In Abb. 110 wird das Reibrad 1 verschoben. Die Übersetzung wird dann $u = \dfrac{r_{\mathrm{I}}}{r_{\mathrm{II}}} = \dfrac{n_{\mathrm{II}}}{n_{\mathrm{I}}}$, wobei r_{I} und n_{I} unveränderlich sind. In der Kennzeichnung dieses Getriebes (Abb. 111) erscheint die Drehzahl n_{I} daher als Waagerechte, während die Drehzahl n_{II} aus $n_{\mathrm{II}} = \dfrac{r_{\mathrm{I}}}{r_{\mathrm{II}}} \cdot n_{\mathrm{I}}$ für die jeweilige Stellung des Reibrades berechenbar ist. Bei $r_{\mathrm{II}} = 0$,

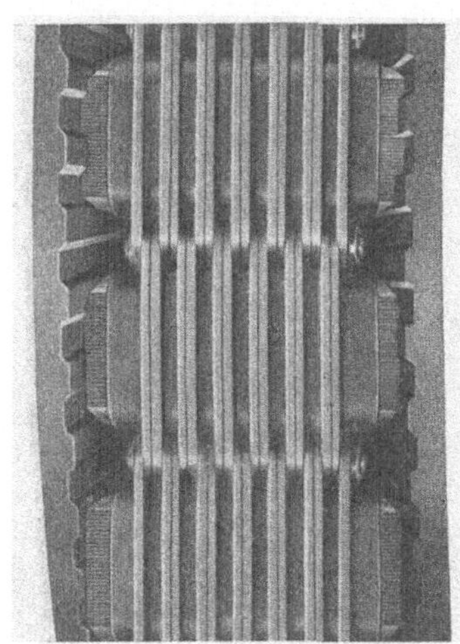

Abb. 109.
Eingriff der Platten in Rillen der Scheiben bei P.I.V.-Getriebe.

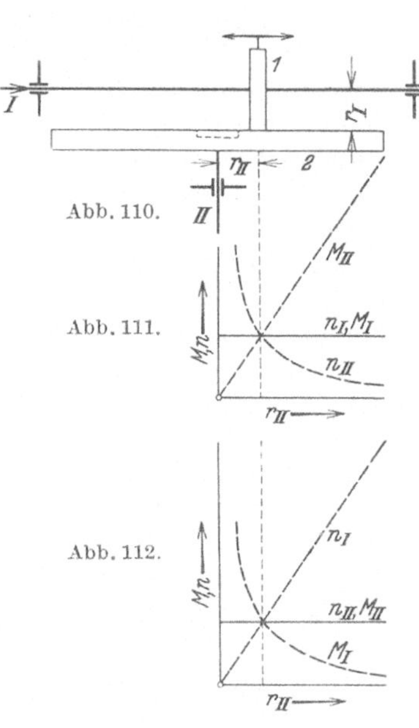

Abb. 110.

Abb. 111.

Abb. 112.

Abb. 110...112. Drehzahlen und Momente bei einem Tellerreibradtrieb.

also in der Mitte des Tellerrades ist eine Übertragung nicht möglich. Man spart an dieser Stelle das Tellerrad wegen der sonst auftretenden Abnutzung aus. Bleibt das antreibende Moment auf Welle I und damit die Umfangskraft wie auch der Anpressungsdruck unveränderlich, also $M_{\mathrm{I}} = P_u \cdot r_{\mathrm{I}} = \mu \cdot P_r \cdot r_{\mathrm{I}} = \mathrm{const}$ nach (17), so wächst das Moment M_{II} auf der Abtriebswelle, wenn das Reibrad nach dem Außenrand des Tellers zu bewegt und damit r_{II} vergrößert wird, da $M_{\mathrm{II}} = P_u \cdot r_{\mathrm{II}}$. Die Leistung folgt aus $\dfrac{P_u \cdot v}{75}$ und bleibt in diesem Getriebe bei allen Stellungen unveränderlich.

Wesentlich anders wird die Kennzeichnung des Getriebes, wenn nicht die Reibradwelle I, sondern die Tellerradwelle II treibt. n_{II} und M_{II} sind jetzt unveränderlich (Abb. 112). Die Abtriebsdrehzahl n_{I} wird aus $n_{\mathrm{I}} = \dfrac{r_{\mathrm{II}}}{r_{\mathrm{I}}} \cdot n_{\mathrm{II}}$ berechenbar. Sie nimmt im Verhältnis des Abstandes r_{II} nach außen zu. Das gleichbleibende Moment M_{II} liefert am Rande des Tellerrades nur eine kleine Umfangskraft. Zur Übertragung der großen Umfangskraft bei naher Mittelstellung wäre also ein hoher Anpressungsdruck notwendig.

Ein Reibgetriebe mit zwei Planrädern ist in Abb. 113 dargestellt. Treibt Welle I (Scheibe 5) an, so ist also n_{I} unveränderlich und erscheint in der Kennzeichnung Abb. 114 wieder als Waagerechte. Die Drehzahl der Welle II (Scheibe 7) ist abhängig von der Stellung des Reibrades 6. Ist bei der gezeichneten Stellung der

Abstand von den Wellenmitten auf Scheibe $5 = \frac{1}{2} d_1$ und der auf Scheibe $7 = \frac{1}{2} d_2$,

so ist wieder $n_{II} = \dfrac{d_1}{d_2} n_I$. Hierbei gilt für die Durchmesser d_1 und d_2 die Bedingung $d_1 + d_2 = 2 A$ ($A = $ Achsenabstand). An der Welle I steht ein unveränderliches Moment zur Verfügung, woraus in Abb. 114 eine veränderliche Umfangskraft P_{uI} bei wechselndem Abstand $\frac{1}{2} d_1$ folgt: $P_{uI} = \dfrac{2 M_I}{d_1}$. Genügt der Anpressungsdruck, um die größte Umfangskraft zu übertragen, so wird auch das Moment im Abtrieb und die übertragene Leistung veränderlich.

Andere Reibgetriebe arbeiten mit kugelig geformten Reibtellern, wobei die Achse des einen Reibtellers schwenkbar angeordnet ist, oder aber mit zwei derartigen Tellern und einem Reibrade. Auch Getriebe mit Kugeln als Zwischenglieder, deren Achsen verstellbar sind, findet man in verschiedenen Ausführungen.

Sehr verbreitet ist die Anwendung der Tellerreibräder bei Spindelpressen (siehe Abb. 48). Wie in Abschnitt 12 erwähnt wurde, werden diese Räder als Wendegetriebe benutzt, aber vor allem deshalb eingebaut, weil beim Abwärtsgang die Drehzahl der Spindel gesteigert wird. Ungünstig ist jedoch bei der Ausführung Abb. 48 die Aufwärtsbewegung, da hierbei der rechte Teller mit seinem Außendurchmesser — also der größten Umfangs-

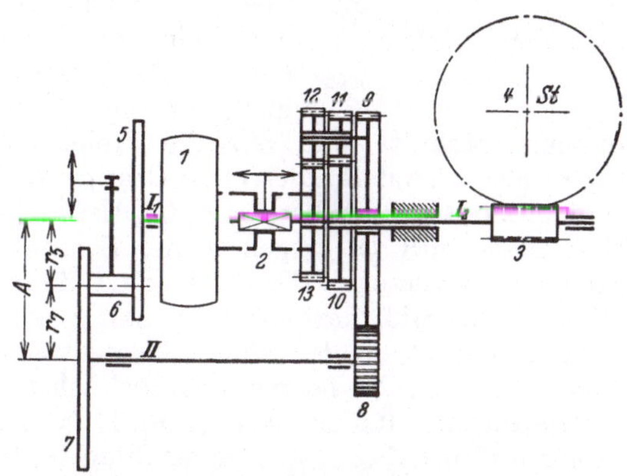

Abb. 113. Antrieb der Steuerwelle eines Automaten über Umlaufrädern. Regelung des langsamen Arbeitsganges durch Reibgetriebe. (Berechnung Bd. 3.)

geschwindigkeit — gegen das ruhende Spindelreibrad gepreßt wird. Da die Beschleunigung der Spindel auf die gleiche Umfangsgeschwindigkeit Zeit erfordert, so sind Verschleiß und Energieverluste die Folge. Günstiger arbeiten die Getriebe mit 3 Tellerrädern (Abb. 115), bei denen das linke Tellerrad 1 das Reibrad abwärts bewegt, während die beiden durch Zahnräder verbundenen Teller 2_1, 2_2 es aufwärts bewegen. Dabei wird das Reibrad aus seiner untersten Stellung zunächst vom kleinen inneren Durchmesser des Tellers 2_2 gehoben, und zwar mit wachsender Geschwindigkeit, bis das Reibrad auf den Teller 2_1 übertritt, wodurch dann die Aufwärtsbewegung wieder verzögert wird.

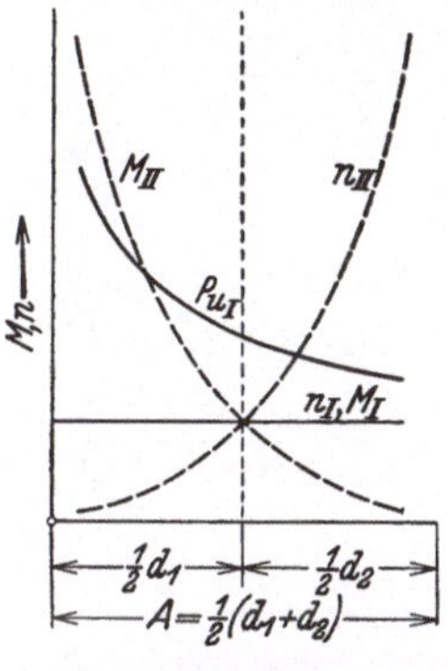

Andere Antriebe der Spindeln arbeiten mit einer beschleunigten Bewegung im Arbeitshub, dagegen mit gleichbleibender Geschwindigkeit für den Aufwärtsgang, wobei

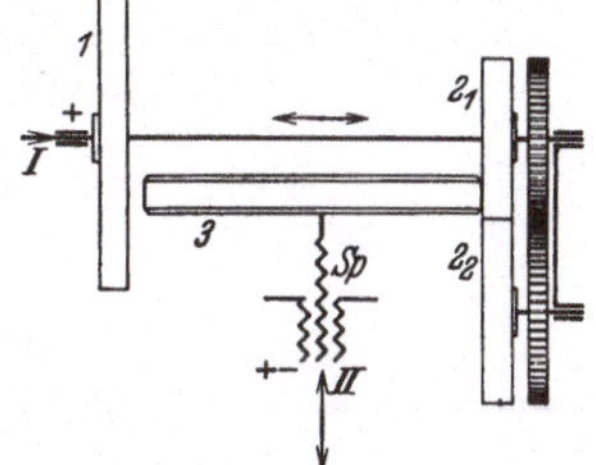

Abb. 115. Antriebe für Spindelpressen mit drei Tellerrädern.

Abb. 114. Kennzeichnung eines Reibgetriebes mit 2 Planrädern.

dann auf der Spindel zwei Reibräder angeordnet sind. Ein Spindelpressenantrieb wird in Band 3 ausführlich berechnet.

26. Flüssigkeitswechselgetriebe. Die Flüssigkeitsgetriebe oder besser Flüssigkeitswechselgetriebe gestatten innerhalb weiter Grenzen die Einstellung jeder

Drehzahl im Abtrieb. Unter Flüssigkeitsgetrieben versteht man hierbei zwei Flüssigkeitspumpen, von denen die eine von außen angetrieben wird und als Pumpe arbeitet, während die zweite von dem Flüssigkeitsstrom, den die erste erzeugt, bewegt wird und nun ihrerseits als „Motor" für die Werkzeugmaschine wirkt. Man bezeichnet die Pumpe auch als den Ersteil und den Motor als den Zweitteil. Entsprechend sollen auch bei der unten durchgeführten Rechnung die Angaben der Pumpe mit der Zahl 1, die des Motors mit der Zahl 2 gekenn-

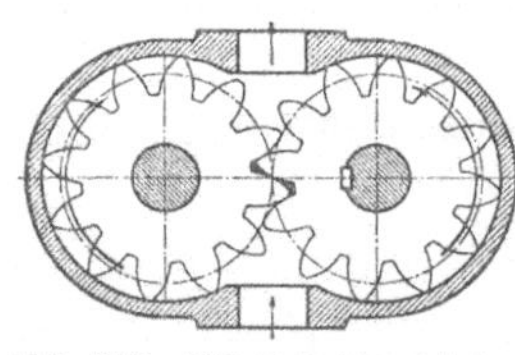

Abb. 116. Flüssigkeitsgetriebe mit Räderzellen

zeichnet werden. Der Motor kann in der Werkzeugmaschine eine drehende oder über Zwischenglieder auch eine hin- und hergehende Bewegung erzeugen. In diesem Abschnitt sind nur die drehenden Ölgetriebe behandelt. Die zweite Gruppe wird in dem zweiten Band beschrieben. Als Treibflüssigkeit wird Öl wegen seiner Schmierfähigkeit bevorzugt. Das genügend dünnflüssige Mineralöl darf nicht lufthaltig sein.

Der Grundteil der Flüssigkeitsgetriebe sind die Zellen, die bei den gebräuchlichsten Getrieben als Räderzellen (Abb. 116), als

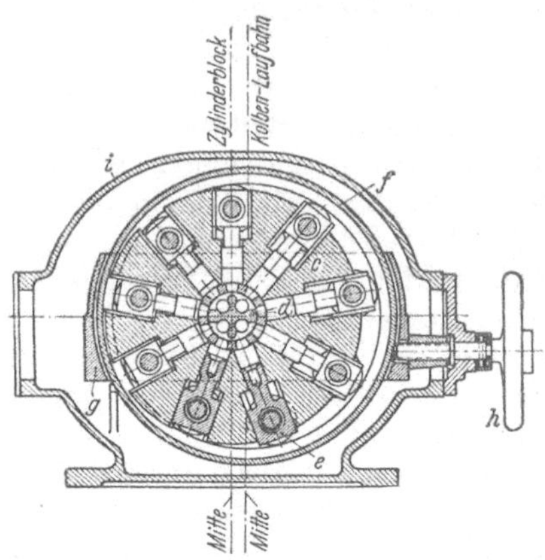

Abb. 117. Flüssigkeitsgetriebe mit Kolbenzellen (Lauff-Thoma).

Kolbenzellen (Abb. 117) oder als Flügelzellen (Abb. 118/9) ausgebildet sind. Das Wesen der Flüssigkeitsgetriebe verlangt nun, daß die Menge der geförderten Flüssigkeit bei unveränderlicher Drehzahl der Pumpe verschieden groß wird. Dies muß durch Veränderung der Zellengröße erreicht werden.

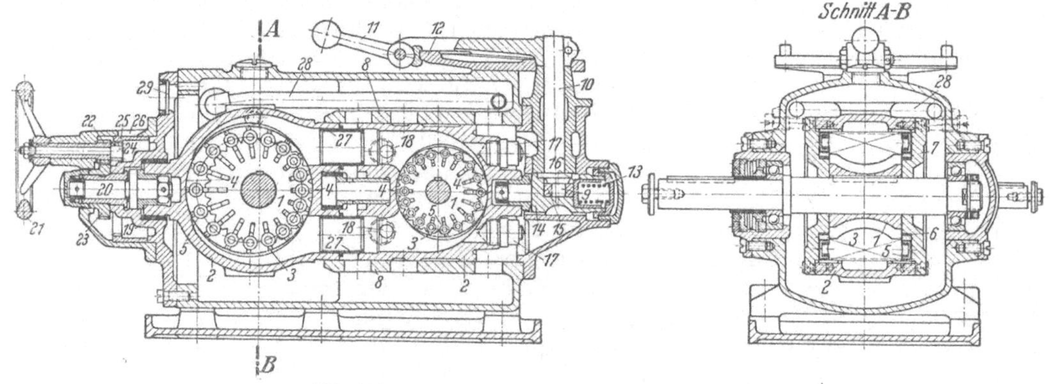

Abb. 118. 　　　　　　　　　　　　　　　　　　Abb. 119.
Abb. 118/119. Flüssigkeitswechselgetriebe mit Flügelzellen (Enor).

Bei den Getrieben mit Kolbenzellen (Abb. 117) sind in dem umlaufenden Körper c Bohrungen — gezeichnet sind 9 — in denen kleine Kolben e liegen. Diese Kolben sind durch Kolbenstangen mit Laufringen verbunden, die in einer kreisförmigen Bahn f geführt werden. Die Mittelpunkte des umlaufenden Körpers c und der Bahn f liegen nicht zusammen, sondern haben einen Abstand ε, der einstellbar ist. Der Laufzapfen d, um den Körper c umläuft, ist längs und quer durchbohrt. Dreht sich nun der Kolbenkörper im Uhrzeigersinn, so werden die fünf oberen Kolben durch die Führung f nach außen gezogen und saugen Flüssigkeit an. Die unteren Kolben jedoch werden zur Mitte gedrückt und pressen damit die Flüssigkeit in die unteren Bohrungen. Ist die Höhe des Kolbenhubes $h_1 = 2\,\varepsilon$, der Durchmesser des Kolbens d, so hat ein Kolben die Fördermenge $m_1 = \dfrac{\pi}{4} \cdot d_1{}^2 h_1$,

und z Kolben fördern bei n_1 Umdrehungen $V_1 = \dfrac{\pi}{4} d_1{}^2 \cdot h_1 \cdot z \cdot n_1$ mm³/min

oder $V_1 = \dfrac{\pi}{4} \cdot \dfrac{d_1{}^2 \cdot h_1 \cdot z \cdot n_1}{60 \cdot 1000}$ cm³/s, wenn zunächst vom Wirkungsgrad abgesehen wird.

Bei den Ölgetrieben mit Flügelzellen (Abb. 118/9) sind in dem umlaufenden Körper 1 verschiebbare Flügel 3 gelagert, die ähnlich wie die Kolben durch Rollen 5 auf einer Kreisbahn 6 geführt werden. Der Mittelpunkt des Körpers 1 und der Führungsbahn 6 bzw. des Zylinders 2 haben wieder den Abstand ε, so daß also Förderzellen entstehen mit der Höhe $h_1 = 2\,\varepsilon$ und der Breite b. Den Querschnitt kann man genau genug als Trapez mit der Fläche f_1 und der Höhe $2\,\varepsilon$ ansprechen. Die Fördermenge einer Flügelzelle wäre dann $m_1 = f_1 \cdot b$. Bei n_1 Umdrehungen mit z_1 Zellen wird dann die Fördermenge $V_1 = \dfrac{f_1 \cdot b \cdot z_1 \cdot n_1}{1000 \cdot 60}$ cm³/s. Ähnlich ist die Berechnung bei den Räderzellen. Die Abmessungen sind bei diesen Gleichungen in mm einzusetzen.

Wählt man als Einheit der Fördermenge die bei einer Umdrehung geförderte Flüssigkeit Q (bei Kolbenzellen also $Q_1 = \dfrac{\pi}{4} \cdot d_1{}^2 h_1 z_1$, bei Flügelzellen $Q_1 = f_1 \cdot b_1 \cdot z_1$, in cm³), so wird auch die minutliche Fördermenge $V_1 = Q_1 \cdot n_1$ cm³/min und das Ölgewicht $G_1 = Q_1 n_1 \cdot \gamma$ (g/min), wenn γ das spez. Gewicht des Öles bei der Betriebstemperatur darstellt, oder $G_1 = \dfrac{Q_1 \cdot n_1 \cdot \gamma}{60 \cdot 1000}$ kg/s.

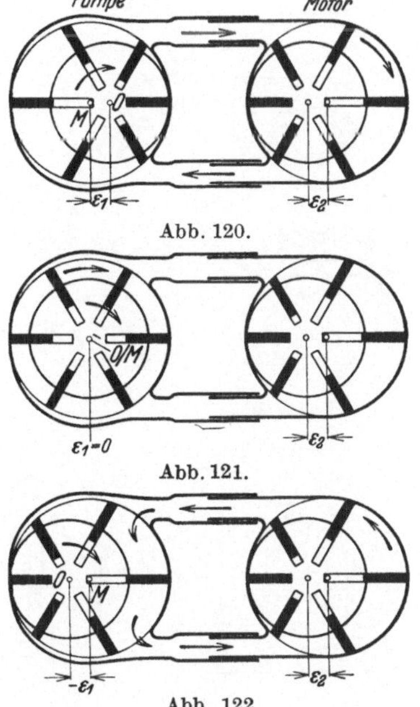

Abb. 120.

Abb. 121.

Abb. 122.

Abb. 120 … 122. Wirkung der Verstellung des Mittenabstandes ε_1 an der Pumpe.

Die von der Pumpe geförderte Ölmenge geht nun zum Motor, der wie die Pumpe ausgebildet ist. Während aber die Pumpe von außen angetrieben wurde — durch einen Elektromotor oder über Einscheibe von der Wellenleitung — wird der Motor durch das von der Pumpe her eindringende Öl bewegt. Sieht man zunächst von allen Verlusten ab, so muß die vom Motor aufgenommene Ölmenge V_2 gleich der von der Pumpe geförderten Ölmenge V_1 sein: $V_1 = V_2 = m_1 z_1 n_1$ $= m_2 z_2 n_2$ oder bei Kolbenpumpen z. B. $\dfrac{\pi}{4} \cdot \dfrac{d_1{}^2 \cdot h_1 \cdot z_1 \cdot n_1}{60 \cdot 1000} = \dfrac{\pi}{4} \cdot \dfrac{d_2{}^2 \cdot h_2 \cdot z_2 \cdot n_2}{60 \cdot 1000}$. Bei gleicher Ausführung von Pumpe und Motor ist dann $d_1 = d_2$; $z_1 = z_2$. Man erhält dann $h_1 \cdot n_1 = h_2 \cdot n_2$ oder da $h_1 = 2\,\varepsilon_1$ und $h_2 = 2\,\varepsilon_2$; wird $2\,\varepsilon_1 n_1 = 2\,\varepsilon_2 \cdot n_2$ oder $\dfrac{\varepsilon_1}{\varepsilon_2} = \dfrac{n_2}{n_1}$, d. h. die Mittenabstände ε_1 und ε_2 verhalten sich umgekehrt wie die Drehzahlen, eine Gleichung, die der bekannten $u = \dfrac{z_1}{z_2} = \dfrac{n_2}{n_1}$ entspricht. Aus der anderen Gleichung für V kann man auch ableiten: $V_1 = V_2 = Q_1 \cdot n_1 = Q_2 \cdot n_2$

und $\dfrac{Q_1}{Q_2} = \dfrac{n_2}{n_1}$, d. h. die Fördermengen je Umdrehung verhalten sich umgekehrt wie die Drehzahlen. Wird $\varepsilon_1 = \varepsilon_2$ oder $Q_1 = Q_2$ gemacht, so wären die Drehzahlen gleich. ε_1 und ε_2 und damit Q_1 und Q_2 können aber innerhalb gewisser Grenzen eingestellt werden, und man erhält dann bei unveränderlicher Antriebsdrehzahl n_1 eine veränderliche Drehzahl n_2.

Die Ausführungen der Getriebe sind nun verschieden: bei einigen kann man beide Mittenabstände verändern, bei anderen nur den Mittenabstand der Pumpe. Die Wirkung dieser Verstellung des Mittenabstandes ist in Abb. 120…122 sinnbildlich dargestellt, und zwar sei der Mittenabstand nur an der Pumpe verstellbar. Wird die Pumpe im Uhrzeigersinn angetrieben und steht der Abstand des veränderlichen Mittelpunktes O der Führungsbahn rechts von M, so läuft der Flüssigkeitsstrom in Pfeilrichtung und entsprechend auch der Motor. Fallen O und M zusammen, wird also $\varepsilon = O$ (Abb. 121), so fördert die Pumpe überhaupt kein Öl, der Motor bleibt stehen. Kann nun O nach links von M geschoben werden, so wird der Ölstrom bei gleichem Drehsinn der Pumpe in anderer Richtung gelenkt und damit auch der Motor (Abb. 122). Das Ölgetriebe wirkt dann auch gleichzeitig als Wendegetriebe. Die Drehzahl n_2 kann somit von $+n_2$ über O auf $-n_2$ geregelt werden.

Im folgenden mögen aus der großen Zahl der Konstruktionen einige Flüssigkeitswechselgetriebe in ihrem Aufbau beschrieben werden. Das Lauf-Thoma-Getriebe entspricht in seinem Aufbau der Abb. 117. Der Mittenabstand wird durch Handrad h verstellt, das über eine Spindel den Schlitten g verschiebt, in dem die Führungsbahn f gelagert ist. Der Laufzapfen d dagegen, um den sich der Kolbenkörper c dreht, liegt fest in dem Gehäuse i.

Abb. 123.

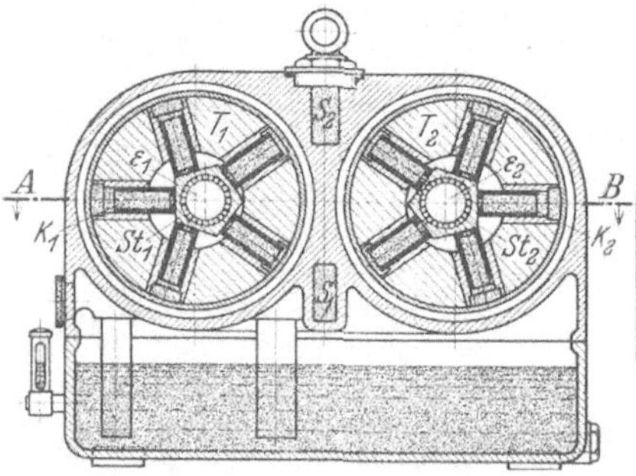

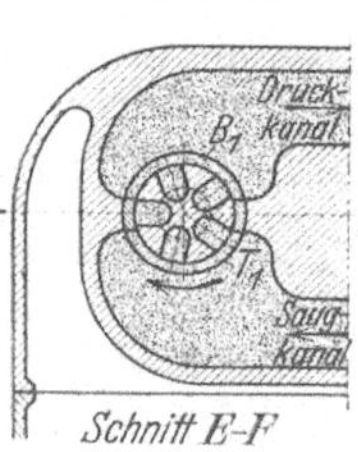

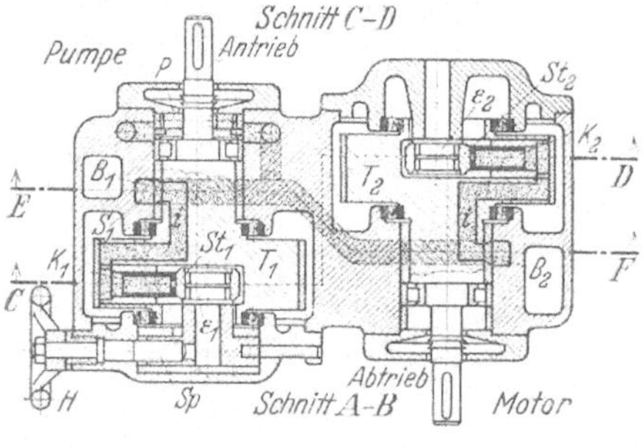

Abb. 125.

Abb. 123…125. Flüssigkeitsgetriebe mit Kolbenzellen (Wülfel).

Ein anderes Kolbengetriebe ist das Wülfel-Getriebe (Abb. 123…125), bei dem das Öl aus dem Saugkanal S_1 durch Bohrung B_1 und i von dem Kolben k_1 außen angesaugt wird. Das Öl wird dann durch den Druckkanal S_2 zum Motor gefördert, der den gleichen Aufbau zeigt. Der Mittenabstand ε_1 ist hier nur bei der Pumpe durch Handrad H und Spindel Sp verstellbar. Und zwar liegen die 5 Kolben in der Kolbentrommel T_1 auf einem fünfeckigen Stein St_1, der sich mitdreht. Damit die Kolben nicht nur in dem Druckteil, sondern auch in dem Saugteil haften, ist eine Pumpe P angeordnet, die aus dem Ölbehälter Öl ansaugt und in den Saugkanal drückt. Ein Überdruckventil sorgt für gleichmäßigen Überdruck.

Als weiteres Kolbengetriebe sei in Abb. 126…128 das Thoma-Getriebe gezeigt: Die Kolben sitzen hier in einem Kolbenkörper 4, der schwenkbar im Gehäuse 5 gelagert ist. Und zwar kann Gehäuse 5 um den Betrag $\pm\alpha$ geneigt werden. Der

Kolbenkörper 4 wird von der Welle 1 über Zwischenstück 2 und Kreuzgelenkwelle 3 angetrieben. An ihrem Ende sind die Kolbenbohrungen in 4 mit dem Saug- bzw. Druckkanal verbunden. Bei einer Umdrehung macht so jeder Kolben einen Saug- und Druckhub.

Von den Getrieben mit Flügelzellen zeigen die Abb. 118/9 den Enortrieb, bei dem die Pumpe kleiner als der Motor ist. Die Mittenverschiebung wird von Hebel 11 über Welle 10 und Exzenter 9 eingestellt, wodurch Zylinder 2 in der Gleitbahn 8 verschoben wird. Es kann aber auch an der Motorseite über Handrad 21, Stirnräder 22/23 usf. eine Verschiebung eingestellt werden. Die Buchsen 27 verbinden die beiden Ölräume.

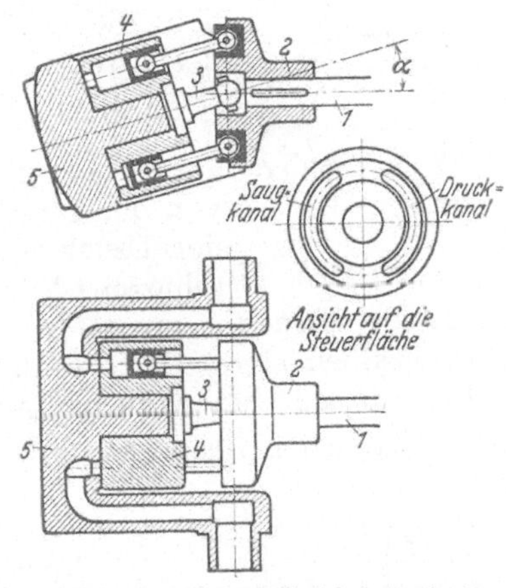

Als weiteres Zellengetriebe ist das Sturm-Universalgetriebe gezeigt (Abb. 129/30). Im Gegensatz zu dem Enortrieb geht hier der Saug- und Druckkanal, der Motor und Pumpe verbindet, durch die feststehende Achse A und leitet das Öl nach außen zu den Zellen Z. Das Getriebe ist „innen beaufschlagt". Regelung mit Hebel H (für Motor und Pumpe) durch Verschieben der Führungsstücke G, in denen die Flügeltrommeln F gelagert sind. Abstützscheiben S und Druckven

Abb. 126 ... 128. Flüssigkeitswechselgetriebe mit Kolbenzellen (Thoma).

tile V verhindern Leckverluste und vor allem auch das Ansaugen von Luft.

Außer den hier beschriebenen Getrieben sind noch weitere Ausführungen bekannt, deren wesentliche Merkmale den gezeigten gleichen. Ausgenommen sind die hydrodynamischen Getriebe.

Während der Arbeit entsteht in den Ölgetrieben ein Druck p, der nur von der

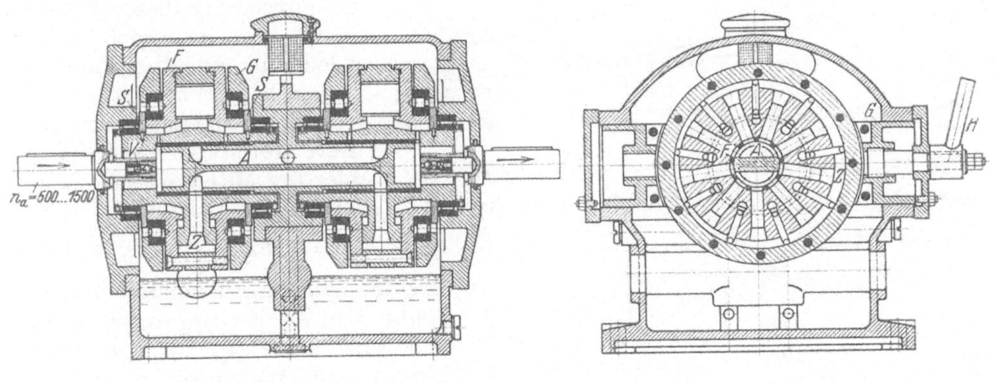

Abb. 129.   Abb. 130.

Abb. 129/130. Flüssigkeitsgetriebe mit Flügelzellen (Sturm).

Belastung des Motorteiles abhängig ist. Nimmt man den vereinfachten Fall der Abb. 131 an, bei dem nur eine Zelle vorhanden ist, so versucht die von der Pumpe kommende Flüssigkeit den Motor zu drehen. Es wird also ein Moment $M = U \cdot r_m$ erzeugt, worin U die Umfangskraft und r_m der mittlere Radius ist. Die Umfangskraft läßt sich ermitteln aus der Gleichung $U = p \cdot F$, Flüssigkeitsdruck p (kg/cm²) mal Flügelfläche F (cm²). Mithin wird auch $M = p \cdot F \cdot r_m$. Da F und r_m zunächst unveränderlich sind, so muß sich der Druck p um so größer einstellen, je größer das zum Drehen des Motors erforderliche Moment wird. Sind nun mehrere Zellen eingebaut, so ändert dies an der grundsätzlichen Beziehung nichts. Statt der Fläche F muß nur die nutzbare Flügelfläche aller Zellen F_2 eingesetzt werden.

Die Leistung entsteht dann aus dem Druck der geförderten Flüssigkeitsmenge G_1. Setzt man den Druck p statt in kg/cm² (atü) in m WS ein, also 10 p, und für G_1 den oben gefundenen Wert: $\dfrac{Q_1 \cdot n_1 \cdot \gamma}{60 \cdot 1000}$, so erhält man: $N_1 = \dfrac{Q_1 \cdot n_1 \cdot \gamma \cdot 10 \cdot p}{60 \cdot 1000 \cdot 75}$ (PS),

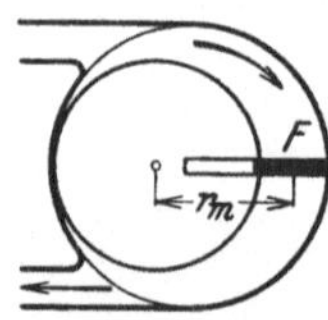

Abb. 131.

d. h. die Leistung ist abhängig von der Flüssigkeitsmenge (cm³), der Drehzahl n_1 (U/min) und dem Druck p (atü). Oder $p = \dfrac{60 \cdot 1000 \cdot 75}{10 \cdot \gamma} \cdot \dfrac{N_1}{Q_1 \cdot n_1}$. Läßt man in dieser Gleichung N_1 unveränderlich, also z. B. $N_1 = 1$, so wird der Druck nur abhängig von der Flüssigkeitsmenge und der Drehzahl. In Abb. 132 zeigt der Druckverlauf bei Steigerung der Drehzahl, für drei verschiedene Flüssigkeitsmengen, gegeben durch die Mittenabstände ε, daß der Druck p um so geringer wird, je größer die Flüssigkeitsmenge und die Drehzahlen sind. Übliche Drücke betragen bei Getrieben mit Flügelzellen etwa 15 ... 35 atü, bei Kolbenzellen bis ∼ 100 atü.

Wie schon oben erwähnt, bestehen zwei Möglichkeiten, die Drehzahl n_2 des Abtriebes einzustellen: es wird der Mittenabstand bei der Pumpe oder bei dem Motor verändert. Bei Vergrößerung des Mittenabstandes ε_1 der Pumpe und gleichbleibender Antriebsdrehzahl n_1 wird die Fördermenge V_1 (cm³/min¹) größer werden. Trägt man also in Abb. 133 über der Waagerechten diese Größen in einem Schaubild auf, so erscheint n_1 als waagerechte Gerade, da diese Drehzahl unverändert bleibt. Die Fördermenge $V_1 = n_1 \cdot Q_1$ wächst mit zunehmendem Mittenabstand. Für die Förderung dieser Flüssigkeitsmenge ist nach obiger Gleichung eine steigende Leistung N_1 erforderlich. Die Flüssigkeitsmenge kommt nun zum Motor (Abb. 134). Wird hier der Mittenabstand ε_2 unverändert gehalten, so wird durch wachsende Fördermenge die Drehzahl n_2 ansteigen. Da $N_1 = N_2$, so wächst auch N_2. Aus $M_2 = 71\,620 \dfrac{N_2}{n_2}$ folgt, daß das

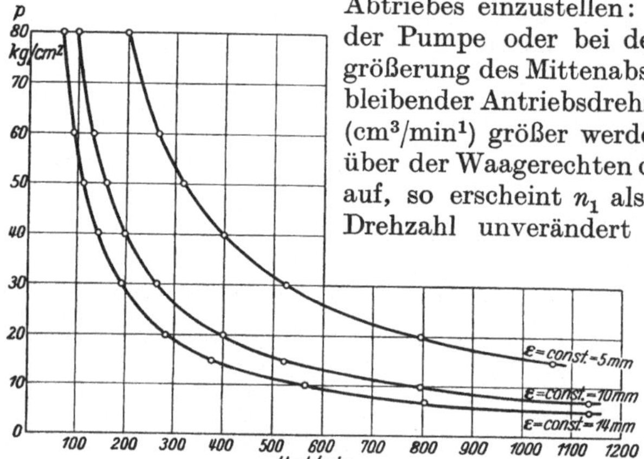

Abb. 132. Druck p abhängig von Drehzahl und Mittenabstand ε.

Drehmoment im Abtrieb unverändert bleibt. Bei Änderung des Mittenabstandes an der Pumpe ist im Motor das Drehmoment unveränderlich, die Leistung veränderlich.

Im zweiten Fall bleibt der Mittenabstand ε_1 bei der Pumpe unverändert und damit auch die Fördermenge V_1, die Leistung N_1 und n_1. Bei dem Motor

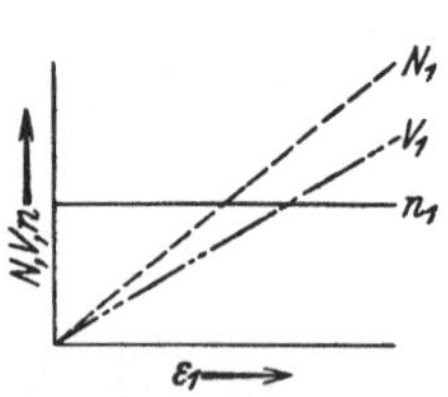

Abb 133.   Abb. 134.
Abb. 133/134. Regelung durch Änderung des Mittenabstandes bei der Pumpe.

dagegen wird der Mittenabstand ε_2 von einem Größtwert auf den Kleinstwert geschaltet (Abb. 135). Da nun aber $V_1 = V_2$ unverändert bleibt, so muß die Drehzahl n_2

bei kleiner werdenden ε_2 steigen. Die Leistung $N_1 = N_2 = $ const bewirkt aus $M_2 = 71620 \frac{N_2}{n_2}$ ein Fallen des Drehmomentes M_2. **Bei Änderung des Mittenabstandes an dem Motor ist die Leistung unveränderlich, das Drehmoment aber veränderlich.**

Faßt man diese Bilder für einen Getriebesatz zusammen, so erhält man die Kennzeichnung eines Flüssigkeitsgetriebes Abb. 136: Bei der Pumpenregelung kann n_2 bis auf Null gesenkt werden. Bei der Motorregelung ist das nicht möglich. Theoretisch kann jedoch die Motordrehzahl n_2 bis auf ∞ gesteigert werden — es muß also ein Anschlag vorgesehen werden, da sonst Bruchgefahr vorliegt. Ist sowohl der Mittenabstand bei der Pumpe wie bei dem Motor einstellbar, so spricht man von Verbundregelung.

Bei der bisherigen Darstellung waren die Getriebeverluste nicht berücksichtigt. Im Betrieb wird $N_2 = \eta \cdot \lambda \cdot N_1$, worin η die Reibungsverluste und λ die Schlupfverluste darstellt. Die Reibungsverluste sind die bei Maschinen üblichen, wozu hier allerdings die Flüssigkeitsreibung tritt. Unter Schlupf versteht man das Zurückbleiben der wirklichen Drehzahl gegenüber der errechneten. Ursachen des Schlupfes sind: unvollständiges Ansaugen, Undichtigkeiten zwischen Kolben und Zylinderwand usf. Im Mittel wird $\lambda = 0,93 \dots 0,97$.

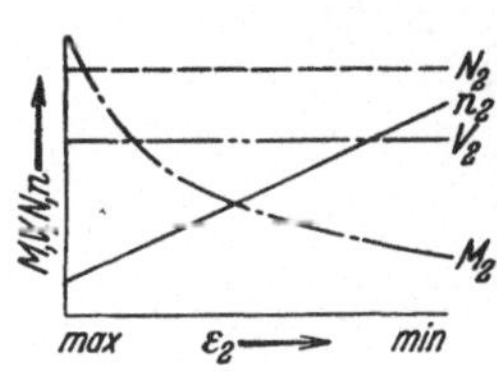

Abb. 135.
Regelung durch Änderung des Mittenabstandes bei dem Motor.

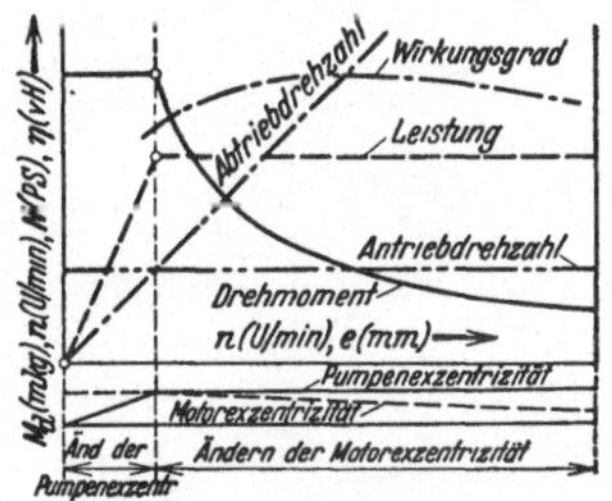

Abb. 136.
Regelung durch Änderung des Mittenabstandes bei Pumpe und Motor

Im übrigen hängt der Gesamtwirkungsgrad des Getriebes hauptsächlich von der Übersetzung ab. In Abb. 136 ist der Verlauf des Wirkungsgrades eingezeichnet. Der beste Wert liegt etwa bei der Übersetzung $1:1$. Durch das starke Absinken bei größeren Übersetzungen ist praktisch der Regelbereich begrenzt. Erachtet man ein Absinken des Wirkungsgrades bis zu 70% als zulässig, so ergibt sich etwa ein Regelbereich $R_A \approx 10$. Da dieser Bereich für viele Werkzeugmaschinen nicht ausreicht, muß dann ein Räderwechselgetriebe nachgeschaltet werden. Als Gesamtwirkungsgrad der Flüssigkeitsgetriebe kann man im Mittel $0,75 \dots 0,8$ annehmen.

V. Beispiele.

Im Folgenden wird der Aufbau einiger aus den Grundformen zusammengesetzter Getriebe berechnet. Weitere ausführlichere Beispiele mit Festigkeitsrechnung und Bestimmung der Abmessungen finden sich im 3. Teil.

18. Beispiel. Für eine Revolverbank ist das Hauptgetriebe mit Einscheibenantrieb zu entwerfen. $n_k = 10$, $n_g = 600$; links und rechts; Stufung nach Normreihe mit $\varphi = 1,26$; Drehzahl der Einscheibe normal $n_a = 900$; Wechselgetriebe im Spindelkasten. Die höhere Schlichtdrehzahl soll durch eine Schaltung um $1:4$ ermäßigt werden können.

Lösung. Den Grenzdrehzahlen entspricht ein Regelbereich $R_{Ma} = \frac{600}{10} = 60$. Nach Abb. 56 erfordert dieser Bereich bei $\varphi = 1,26$ etwa 18 Stufen. Nach Normreihe wird $n_1 = 11,8$ und $n_{18} = 600$. Um 18 Enddrehzahlen zu erreichen, bestehen die Möglichkeiten: 1. III/9 Getriebe mit Vorgelege, 2. III/6 Getriebe mit doppeltem Vorgelege und 3. IV/18 Getriebe. Vergleicht man diese 3 Möglichkeiten, so kommt man zu baulichen Lösungen wie sie ähnlich in Abb. 87, 89, 91 für 12stufige Getriebe gegeben sind. Zwischen Wellen I—II—III müssen nur statt 2 jetzt 3 Räderpaare angeordnet werden. Eine bauliche Lösung wie Abb. 89 kann nicht gewählt werden, da Spindel 5 Räder, 1 Kupplung und eine lange Hülse trägt. Bei Wahl der Vorgelegeform wäre nur Ausführung mit Bodenrad (Abb. 91) möglich. Zur Entscheidung werden die Drehzahlbilder entworfen.

Für Fall 1 ergibt sich Drehzahlbild Abb. 137. Schlecht ist hier Übersetzung $\frac{z_5}{z_6}$ mit $\frac{1}{4}$ zwischen den ersten Wellen, die nur vermieden werden könnte, wenn man mit den Rädern $\frac{1}{2}$ ins Schnelle übersetzte $\left(\text{statt } \frac{1}{1}\right)$. Vorgelege hat Übersetzung $\frac{1}{8}$, kommt also für die gewünschte Schaltung $\frac{1}{4}$ nicht in Frage.

Bei dem Getriebe mit doppeltem Vorgelege haben die Vorgelege jedoch die Übersetzungen $\frac{1}{4}$ und $\frac{1}{8}$ (Abb. 138). Die Bodenräder und das Wendegetriebe sind in der Abb. 138 mit $u = 1$

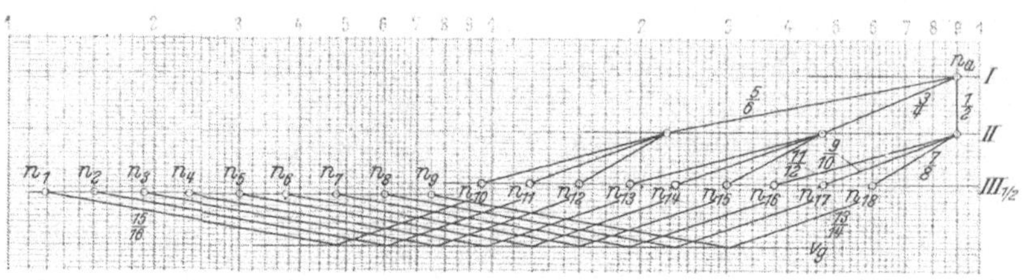

Abb. 137. Drehzahlbild eines III/9-Getriebes mit Vorgelege und 18 Enddrehzahlen.

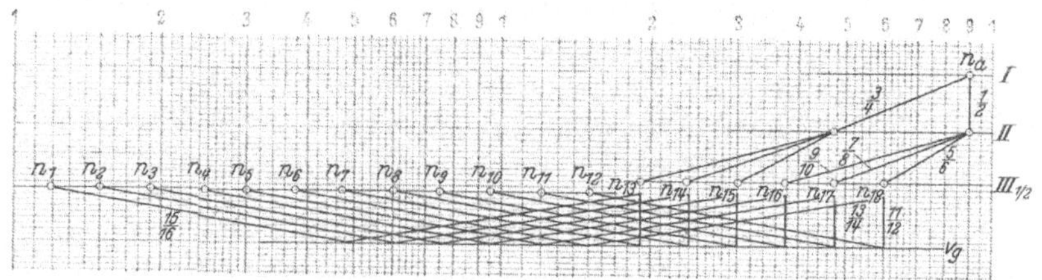

Abb. 138. Drehzahlbild eines III/6-Getriebes mit doppeltem Vorgelege und 18 Enddrehzahlen.

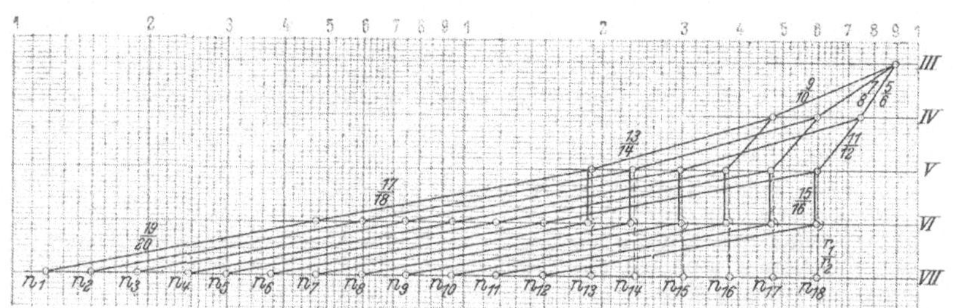

Abb. 139. Drehzahlbild eines IV/18-Getriebes.

gedacht und zunächst nicht gezeichnet. Führt man die Bodenräder mit $u = i = \frac{n_{18}}{n_a}$ aus, so würde $\frac{z_5}{z_6} = 1$, was noch günstiger wird. Ausführung wie Abb. 91, jedoch zwischen Wellen II und III 3 Räderpaare statt 2.

Als zweckmäßiges Beispiel der dritten Möglichkeit ist in Abb. 139 ein Drehzahlbild und in Abb. 140 das Schaubild eines IV/18 Getriebes mit Zwischenwelle VI gezeigt. Einscheibe sitzt lose und wird durch k_1 gekuppelt (k_1 kann auch nach rechts in die Bremse B gelegt werden). Dem Wechselgetriebe sind die Räder 1—2 vorgeschaltet, die leicht zugänglich und auswechselbar sind, um so die Drehzahlreihe durch Versetzen nach oben oder unten dem späteren Verwendungszweck der Maschine anzupassen. Wendegetriebe mit Schieberädern unter Benutzung der zum Wechselgetriebe gehörigen Räder 5 und 7. Wege 3—5 und 3—4—7. Ersparnis: drei Räder. Nachteil: Weg 3—4—7 hat nicht die Übersetzung 1, sondern bei $z_3 = z_5$ wird $u = \frac{z_5}{z_7}$.

Bei dem Wechselgetriebe Einfügung eines endlosen Riementriebes — Kunst- oder Keilriemen — zur Übertragung der höheren Drehzahlen, wodurch auch bei diesen Drehzahlen ruhiger Gang der Spindel erreicht wird. (Statt dessen könnte aber auch ein Rädertrieb vorgesehen werden; der getriebliche Aufbau bliebe derselbe. Wegen Drehsinn und Achsenabstand wären aber 3 Räder nötig.) Da letzte Kupplungen auf Welle V liegen, ist auch Rad 19 zwangsläufig verschiebbar, um starken Rücktrieb zu vermeiden. Diese Kupplung ist demnach mit der der Räder 15/17 verbunden. Bei allen Kupplungen wird Bremse betätigt. Bedingung der $\frac{1}{4}$ Schaltung wird erreicht durch Wahl der Räder $\frac{r_1}{r_2}$ oder $\frac{15}{16}$ und $\frac{17}{18}$.

Aus dem Drehzahlbild (Abb. 139) ergeben sich für dieses Getriebe die Übersetzungen und daraus die (nebenstehenden) Zähnezahlen. Zähnezahl für Rad 17 möglichst klein annehmen, sonst wird Rad 18 zu groß und stößt gegen Spindel VII.

	$\frac{5}{6}$	$\frac{7}{8}$	$\frac{9}{10}$	$\frac{11}{12}$	$\frac{13}{14}$	$\frac{15}{16}$	$\frac{17}{18}$
u	$\frac{1}{1,2}$	$\frac{1}{1,5}$	$\frac{1}{1,85}$	$\frac{1}{1,26}$	$\frac{1}{2,52}$	$\frac{1}{1}$	$\frac{1}{4}$
s	2,2	2,5	2,85	2,26	3,52	2	5
S	77			77		90	
z	$\frac{35}{42}$	$\frac{31}{46}$	$\frac{27}{50}$	$\frac{34}{43}$	$\frac{22}{55}$	$\frac{45}{45}$	$\frac{18}{72}$

19. Beispiel. Es ist ein 12gängiges Getriebe nach der geometrischen Auswahlreihe gestuft mit $n_a = 600$, $n_1 = 40$ und $n_{12} = 1200$ zu entwerfen.

Lösung. Bei $n_{12} = 1200$ und $n_1 = 40$ wird $R_{Ma} = 30$. Für die geometrische Auswahlreihe ist aber $R_{Ma} = \varphi_1^{2g_2 + g_1} - 1$. Wird $g_1 = 8$ und $g_2 = 4$ gewählt, so wird $\varphi_1^{8+8} - 1 = \varphi_1^{15} = 30$ und $\varphi_1 = \sqrt[15]{30} \approx 1{,}26$, demnach $\varphi_2 = \varphi_1^2 = 1{,}58$.

Bei der Wahl der Gangzahlen g_1 und g_2 ist auf das zu entwerfende Getriebe Rücksicht zu nehmen. Die Schwierigkeit beim Entwurf der Getriebe nach geometrischer Auswahlreihe liegt darin, einen Aufbau zu finden, bei dem ohne Sperrungen oder Überlagerungen eben nur die gewünschten Schaltungen vorgenommen werden können. Dies bedingt, daß der Sprung bei den Vervielfältigungsübersetzungen $= \varphi_2^a$ sein muß. Aus dieser Überlegung folgen für den vorliegenden Fall die Drehzahlbilder nach Abb. 141 und 142. In Abb. 141 ist z. B. $a = 1$, d. h. $\frac{z_{11}}{z_{12}} : \frac{z_{13}}{z_{14}}$ $= \varphi_2^1$ und vorher $a = 2$, da $\frac{z_7}{z_8} : \frac{z_9}{z_{10}} = \varphi_2^2$. In Abb. 142 ist umgekehrt $\frac{z_{11}}{z_{12}} : \frac{z_{13}}{z_{14}} = \varphi_2^2$ und $\frac{z_7}{z_8} : \frac{z_9}{z_{10}} = \varphi_2^1$. Bei der gegebenen Aufgabe läßt sich, wenn $\frac{z_{11}}{z_{12}} = \frac{z_7}{z_8} = 1$,

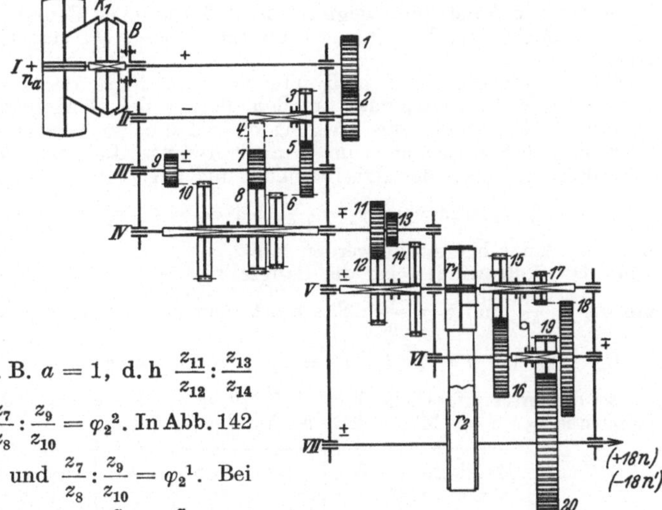

Abb. 140. IV/18-Getriebe.

erreichen, daß die größte Übersetzung bei $\frac{z_5}{z_6}$ gerade $\frac{1}{4}$ und $\frac{z_1}{z_2} \approx \frac{2}{1}$ wird. Die übrigen Übersetzungen folgen aus den Drehzahlbildern, von denen Abb. 142 für die Ausführung etwas günstiger erscheint. Auf die Berechnung der Zähnezahlen wird hier verzichtet. Der genaue Bereich wird nun bei $n_1 = 37,5$ und $n_{12} = 1180$ (Normreihe) $R_{Ma} = 1{,}26^{15} = 32$. Wäre das Getriebe als gewöhnliches 12stufiges Getriebe mit $\varphi = 1{,}26$ ausgeführt, so ergäbe sich nur ein Bereich $R_{Ma} = \varphi^{11}$ $= 12,7!$ Der Aufbau eines richtig gewählten Getriebes ist bei der geometrischen Auswahlreihe keineswegs verwickelter als bei Getrieben nach der geometrischen Reihe. Auch die Zahl der Räder ist mit 14 nicht größer als bei anderen 12stufigen Getrieben.

20. Beispiel. Für eine Drehbank soll ein Vorschubräderkasten entworfen werden, der gestattet, die genormten Gewindesteigungen für metrisches und Zollgewinde von etwa 2,3 bis 75 mm Durchmesser einzustellen. Die Steigung der Leitspindel beträgt 6 mm.

Lösung. Aus den Gewindenormen sind folgende metrische Steigungen zu entnehmen:

u	6	5	4,5	4	3,5	3	2,5
$\frac{1}{2}$	(3)	(2,5)	—	2	1,75	1,5	1,25
$\frac{1}{5}$	—	1	0,9	0,8	0,7	0,6	0,5
$\frac{1}{10}$	(0,6)	(0,5)	0,45	0,4	0,35	0,3	0,25

Für Zollgewinde sind die Steigungen (Gangzahl/Zoll)

u	3,5	4	4,5	5	6
$\frac{2}{1}$	7	8	9	10	12

Nicht enthalten sind in dieser Aufstellung die Steigung 0,75, die nur für 4,5 ⌀ und bei Feingewinden gebraucht wird, ferner bei den Zollgewinden 11 Gänge/1″ für das $^5/_8$″ Gewinde. Sonst sind jedoch in dem geforderten Bereich alle Steigungen angeführt.

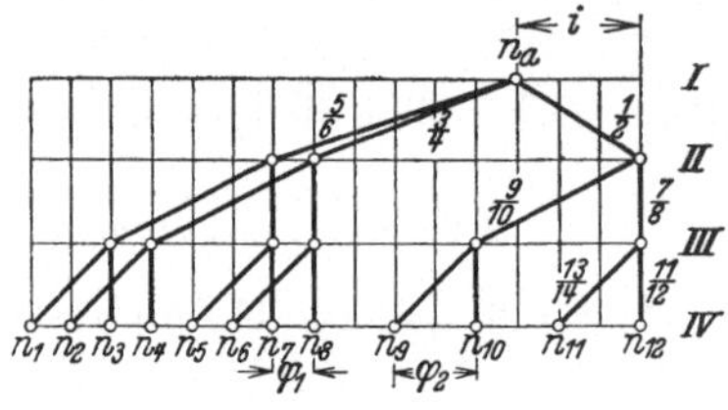

Abb. 141.

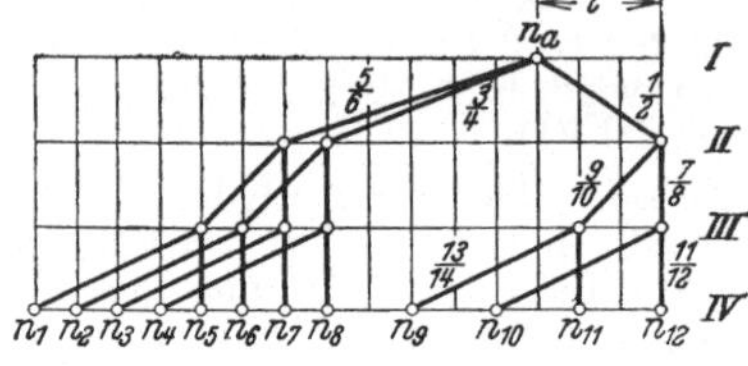

Abb. 142.

Abb. 141/142. Drehzahlbilder eines IV/12-Getriebes für geometrische Auswahlreihe.

Die Art der Aufstellung zeigt schon, daß aus einer Grundreihe die übrigen Steigungen mit der vorstehenden Übersetzung u abzuleiten sind. Die eingeklammerten Werte erscheinen hierbei doppelt.

Beim Gewindeschneiden muß nun je Umdrehung der Arbeitsspindel der Werkzeugschlitten durch die Leitspindel um den Betrag der Gewindesteigung verschoben werden. Hat z. B. die Leitspindel die Steigung $St_l = 6\,\text{mm}$, so bewegt sich der Schlitten bei einer Umdrehung der Leitspindel um 6 mm vorwärts. Bei der Gewindesteigung $St_g = 6\,\text{mm}$ müßte dann zwischen der Arbeitsspindel und der Leitspindel eine Übersetzung $u = 1$ vorliegen, bei $St_g = 5\,\text{mm}$ wird $u_5 = \dfrac{1}{1,2}$, bei $St_g = 4$, $u_4 = \dfrac{1}{1,5}$ usf. Allgemein $u = \dfrac{St_g}{St_l}$, die durch die Räder hergestellt werden muß.

Bei den Zollgewinden ist die Gangzahl a je Zoll gegeben, die Gewindesteigung wird dann $St_g = \dfrac{1''}{a}$ und $u = \dfrac{1''}{a} : St_l$. Setzt man hierin z. B. die Gangzahl $a = 6$ ein, so wird

$u_6 = {}^1/_6{}'' : St_l$; bei $a = 5$ wird $u_5 = {}^1/_5{}'' : St_l$ oder auch, da $\dfrac{1''}{5} = \dfrac{1'' \cdot 1,2}{6}$, $u_5 = \dfrac{1'' \cdot 1,2}{6} \cdot St_l$.

Nun sei der unveränderliche Wert $^1/_6{}'' : St_l = c$, also $u_5 = c \cdot 1,2$ und dementsprechend bei 4 Gängen $u_4 = 1,5 \cdot c$. Man erhält so für die Grundreihen die Übersetzungen

Metrisch .	6	5	4,5	4	3,5	3	2,5
u	$\dfrac{1}{1}$	$\dfrac{1}{1,2}$	$\dfrac{1}{1,33}$	$\dfrac{1}{1,5}$	$\dfrac{1}{1,711}$	$\dfrac{1}{2}$	$\dfrac{1}{2,4}$
Zoll	6	5	4,5	4	3,5		
u	$\dfrac{1c}{1}$	$\dfrac{1,2c}{1}$	$\dfrac{1,33c}{1}$	$\dfrac{1,5c}{1}$	$\dfrac{1,711c}{1}$		

Bei den Zollgewinden treten also die umgekehrten Übersetzungen wie bei den metrischen Gewinden auf. Aus diesen Überlegungen folgt nunmehr der Aufbau das Getriebeplanes (Abb. 143).

a) Abnahme der Bewegung von der Arbeitsspindel Sp durch Räder 1...4, Wechselgetriebe W, als Wendeherz ausgebildet, auf die Welle I. Übersetzung $u = 1$. Von hier: Weg 1 über Wechselräder zur Leitspindel VIII. Kupplung K_1 ausgeschaltet. Weg 2 für metrische

Gewinde über 5...6, $u = 1$ zur Welle II. Schließlich Weg 3 für Zollgewinde über Räder 7—8—9—10—11—12 zur Welle V. Diese Räder liefern die unveränderliche Übersetzung $c = \dfrac{1''}{6 \cdot 6} = \dfrac{1''}{36}$. Setzt man für $1''$ den sehr angenäherten Wert: $\dfrac{9 \cdot 10 \cdot 13 \cdot 49}{37 \cdot 61}$, so erhalt man $c = \dfrac{9 \cdot 10 \cdot 13 \cdot 49}{37 \cdot 61 \cdot 36} = \dfrac{45}{37} \cdot \dfrac{26}{36} \cdot \dfrac{49}{61}$, die als Zähnezahlen gewählt werden.

b) Nortongetriebe mit den Übersetzungen der Grundreihe. Auf Welle II sitzen die Räder mit den Zahnezahlen: 60, 50, 45, 40, 35, 30, 25. Rad 21 hat 60 Zähne. Bei metrischen Gewinden geht dann der Weg von II nach V und bei Zollgewinden umgekehrt von V nach II.

c) Vervielfältigungsgetriebe mit den Übersetzungen $u = 1, \dfrac{1}{2}, \dfrac{1}{5}, \dfrac{1}{10}$. Bei den besprochenen Getrieben (Abschn. 22, Abb. 103/104) war die Vervielfältigung quadratisch. Um nun die gewünschte Übersetzung zu erhalten, müssen die Achsabstände verändert werden, wenn man diese Bauart ihrer sonstigen Einfachheit wegen vorzieht. Zähnezahlen z. B. $z_{22} = z_{23} = z_{30} = 48$; $z_{24} = z_{26} = 24$; $z_{25} = z_{27} = 60$; $z_{28} = 30$. Neben den angegebenen Steigungen werden durch die vorhandenen Räder noch weitere erzeugt, die aber in der Aufgabe nicht gefordert waren. Die Erfordernisse der baulichen Anordnung können noch einige Änderungen bringen.

Die beiden fehlenden Steigungen müssen mit Hilfe von Wechselradern geschnitten werden. Nach Abschnitt 5 ist $\dfrac{St_g}{St_l} = \dfrac{z_1}{z_2} \cdot \dfrac{z_3}{z_4}$.

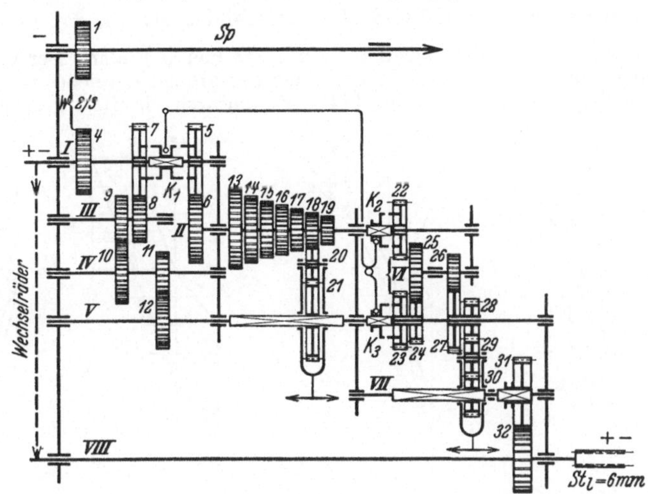

Abb. 143.
Leitspindel-Vorschubgetriebe zum Einstellen genormter Gewindesteigungen.

Bei $St_g = 0,75$ wird dann $\dfrac{z_1}{z_2} \cdot \dfrac{z_3}{z_4} = \dfrac{0,75}{6} = \dfrac{1}{8}$. Nimmt man einen Wechselrädersatz mit Rädern von 5 zu 5, kleinstes Rad 25, größtes Rad 125 Zähne, an, so können die Räder entsprechend ausgewählt werden, z. B. $\dfrac{z_1}{z_2} \cdot \dfrac{z_3}{z_4} = \dfrac{1}{2} \cdot \dfrac{1}{4} = \dfrac{30}{60} \cdot \dfrac{25}{100}$ oder $\dfrac{45}{90} \cdot \dfrac{30}{120}$ usf.

Bei dem zweiten Gewinde — 11 Gange auf ein Zoll — ist wieder eine Umrechnung von Metrisch- auf Zollgewinde nötig. Meist enthalten die Wechselrädersätze ein Rad mit 127 Zähnen, da $12,7 = \dfrac{1}{2} \cdot 1''$. Dann würde hier $\dfrac{z_1}{z_2} \cdot \dfrac{z_3}{z_4} = \dfrac{25,4}{11 \cdot 6} = \dfrac{12,7 \cdot 2}{11 \cdot 2 \cdot 3} = \dfrac{127}{110} \cdot \dfrac{25}{75}$ oder $\dfrac{127}{110} \cdot \dfrac{40}{120}$ usf. Ist das 127er Rad nicht vorhanden, so benutzt man eine Annäherung, z. B. $1'' \approx \dfrac{18 \cdot 24}{17}$ oder $\approx \dfrac{1600}{63}$. Für die erstere Annäherung wird die Rechnung: $\dfrac{z_1}{z_2} \cdot \dfrac{z_3}{z_4}$ $= \dfrac{25,4}{11 \cdot 6} = \dfrac{18 \cdot 24}{17 \cdot 11 \cdot 6} = \dfrac{2 \cdot 3 \cdot 3 \cdot 2 \cdot 2 \cdot 2 \cdot 3}{17 \cdot 11 \cdot 2 \cdot 3}$ oder gehoben $\dfrac{2 \cdot 3 \cdot 3 \cdot 2 \cdot 2}{17 \cdot 11}$. Zusammengefaßt und mit 5 erweitert: $\dfrac{30 \cdot 60}{55 \cdot 85}$.

Beim Gewindeschneiden mit Wechselrädern ist die Verbindung der Räder $\dfrac{31}{32}$ zu lösen.

21. Beispiel. Eine Bohrmaschine wird durch einen Motor mit den Drehzahlen 1450/2900 angetrieben. Der Hauptantrieb soll 12 Drehzahlen liefern mit $n_1 \approx 50$ und $n_g \approx 2000$. Drehsinnänderung durch Motor und Wendegetriebe, dessen Räder gleichzeitig für das Wechselgetriebe benutzt werden sollen. Das Vorschubgetriebe soll 6 Gänge in den Grenzen von 0,15 bis 1 mm/U der Bohrspindel geben.

Lösung. a) Aufbau des Hauptantriebes. Bei den geforderten 12 Enddrehzahlen müßte das Getriebe gestuft sein mit $\varphi = \sqrt[11]{\dfrac{2000}{50}} = 1{,}395$. Eine derartige Stufung ist aber in geometrischer Reihe bei zwei Antriebsdrehzahlen mit $n_{a2} = 2 \cdot n_{a1}$ nicht möglich. Der nächstliegende Wert ist $\varphi = 1{,}41$. Aus der Normreihe (Tafel 2) folgt dann $n_1 = 47{,}5$ und $n_{12} = 2100$. Der Bereich mit $R_{Ma} \approx 45$ wird etwas größer als der geforderte.

Von den 12 Enddrehzahlen werden nun 6 von dem Getriebe erzeugt, die restlichen durch Motorschaltung. In den Abb. 144 … 148 sind mehrere Drehzahlbilder verschiedener Getriebe gezeigt. Bei diesen Abbildungen sind nur für $n_{a2} = 2900$ die Übersetzungen eingezeichnet. Die übrigen entstehen dann beim Umschalten auf n_{a1} und könnten gestrichelt wie in Abb. 105 angegeben werden.

Es liegt nahe, den Aufbau als III/6-Getriebe durchzuführen.

In Abb. 144 ist der Aufbau mit $2 \cdot 3$ Räderpaaren gezeichnet. Das Wendegetriebe könnte zwischen den Wellen I und II so ausgebildet werden, daß es die Übersetzungen $\dfrac{n_{12}}{n_{a2}}$ und $\dfrac{n_{11}}{n_{a2}}$ liefert. Die letzte Übersetzung erfordert hier 5 Räder. Der gleiche Aufbau ist in Abb. 145 nochmals gezeigt. Zur Überbrückung des großen Bereiches ist aber hier ein Räderpaar 6—7 eingefügt. Gegenüber Abb. 144 wird dadurch ein Rad gespart. Die Übersetzungen gehen

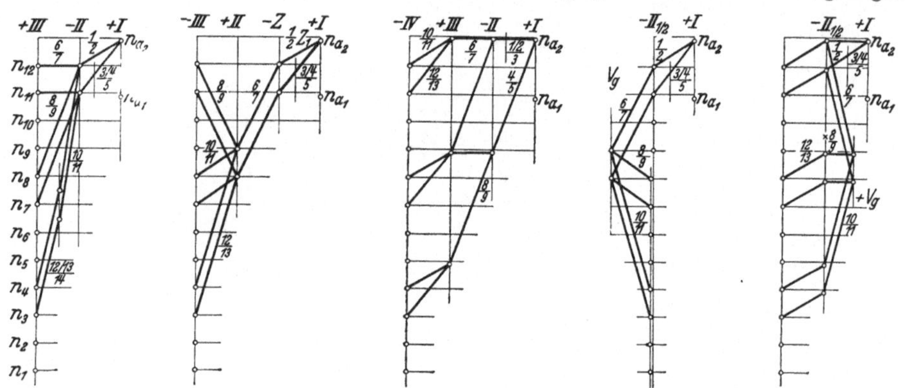

Abb. 144 … 148. Drehzahlbilder für den Hauptantrieb einer Bohrmaschine.

aber erst ins Langsame und dann wieder ins Schnelle, wobei auch durch die Räder $\dfrac{8}{9}$ und $\dfrac{12}{13}$ Übersetzungen hergestellt werden müssen, die größer bzw. kleiner als die normalen sind. Da sie aber noch in den Grenzen des Durchführbaren liegen, wäre das kein entscheidender Grund.

Einen anderen Aufbau zeigt Abb. 146 mit einem IV/8-Getriebe. Infolge einer Blindschaltung — die Räder $\dfrac{6}{7}$ und $\dfrac{8}{9}$ liefern auf Welle III einmal die gleiche Drehzahl — werden aber nur 6 Enddrehzahlen erreicht.

Die Drehzahlbilder 147 und 148 sind mit doppeltem Vorgelege entworfen. In Abb. 147 müßte auf der Bohrspindelbuchse eine weitere Hülse mit den Rädern 2, 5, 6 angebracht werden.

Abb.	Räder	Wellen	Hohl-wellen	Bohr-mitten	Bedie-nungs-stellen	Kupp-lungen	Ver-schiebe-räder
144	14	6	—	6	2	1	3
145	13	5	—	5	2	1	3
146	13	5	—	5	3	1	2+2=4
147	11	4	1	4	2	2	2
148	13	6	—	5	2	2	2

Die Nachteile könnten vermieden werden durch Ausbildung als Hohlwelle mit besonderer Außenlagerung. In Abb. 148 ist die Hülse vermieden durch Teilung der Welle II und Einbau besonderer Bodenräder $\dfrac{12}{13}$. Die Gegenüberstellung der Getriebeentwürfe bringt dann nebenstehende Zahlen:

Getriebe 144 hat mehr Räder und Wellen als die übrigen Getriebe, ohne wesentliche Vorteile zu bringen: scheidet aus. Getriebe 146 hat den Nachteil, daß die Schaltungen an 3 verschiedenen Stellen, also mit 3 Hebeln ausgeführt werden müssen. Wenn es auch möglich ist, durch Zusammenfassen der Hebel diesen Nachteil zu mindern, so entstehen doch dadurch wieder höhere Kosten. Von den Getrieben 145, 147 und 148 spricht nichts für das Getriebe 148, so daß schließlich die engere Wahl zwischen 145 und 147 bleibt. Das Getriebe 147 hat hiervon die geringere Räderzahl, weniger Bohrmitten, sonst aber gleiche Werte, so daß für dieses Getriebe zur weiteren Untersuchung die Rechnung durchgeführt werden soll.

b) Berechnung. Abb. 150 zeigt die Ausführung des Getriebes. Hohlwelle II_1 ist besonders gelagert. Die Reibungskupplung wird zweckmäßig als Lamellenkupplung ausgeführt. Aus dem Drehzahlbild folgen die Übersetzungen und hieraus in bekannter Weise die Zähnezahlen. (Siehe Nachrechnung.)

Zur Entwicklung des Vorschubantriebes geht man zweckmäßig vom Ende des Getriebes aus, d. h. von der Zahnstange (Abb. 150). Nimmt man für das Ritzel $R = 14$ Zähne und einen Modul $m = 3$ mm an, so wird bei einer Umdrehung des Ritzels die Zahnstange um $d_0\pi = 42\pi = 132$ mm verschoben. Der größte Vorschub beträgt aber nur 1 mm/U. Es muß also zwischen der Bohrspindel und dem Ritzel eine Übersetzung $\frac{1}{132}$ vorgesehen werden. Diese wird erreicht durch $\frac{z_{12}}{z_{13}} \cdot \frac{z_{14}}{z_{15}} \cdot \frac{z_{25}}{z_{26}} \cdot \frac{S_1}{S_2} = \frac{1}{1} \cdot \frac{1}{2} \cdot \frac{1}{2} \cdot \frac{2}{66}$. Die weiteren Übersetzungen für die langsameren Vorschübe erzeugt ein Wechselgetriebe.

Für die Ausbildung des Wechselgetriebes bestehen zwei Möglichkeiten: durch ein Vervielfältigungsgetriebe, etwa III/6, oder durch einen Ziehkeiltrieb. Sollen die Vorschübe arithmetisch gestuft sein, so käme nur dieser Trieb in Frage. Für die arithmetische Reihe würde der Stufensprung $a = \frac{1{,}0 - 0{,}15}{5} = 0{,}17$ und damit die Vorschübe: 0,15, 0,32, 0,49, 0,66, 0,83, 1,0. Das Getriebe müßte dann die Übersetzungen bringen: $\frac{1}{6{,}67}$, $\frac{1}{3{,}12}$, $\frac{1}{2{,}04}$, $\frac{1}{1{,}51}$, $\frac{1}{1{,}205}$, $\frac{1}{1}$. Die erste Übersetzung ist reichlich groß und bewirkt für das ganze Getriebe eine große Zahnsumme. Es wäre daher zweckmäßiger, eine weitere Übersetzung, etwa $u = \frac{1}{1{,}51}$, hinter dem Ziehkeilgetriebe einzubauen. Dann würden die Übersetzungen im Ziehkeilgetriebe $\frac{1}{4{,}42}$, $\frac{1}{2{,}06}$, $\frac{1}{1{,}35}$, $\frac{1}{1}$, $\frac{1{,}24}{1}$, $\frac{1{,}51}{1}$. Man erhält so zwar ein Räderpaar mehr, aber die Zahnsummen werden kleiner.

Werden die Vorschübe geometrisch gestuft, so wird die Anordnung eines III/6-Getriebes günstiger. Ein solches Getriebe — einfach gebunden — ist in Abb. 150 als Vorschubgetriebe vorgesehen. Abb. 149 zeigt das Drehzahlbild, bei dem die Vorschübe logarithmisch aufgetragen sind ($\varphi = \sqrt[5]{\frac{1}{0{,}15}} = 1{,}46$). Die Zähnezahlen werden in bekannter Weise ermittelt.

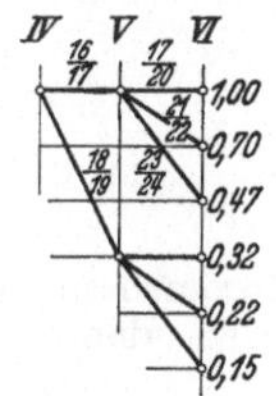

Abb. 149. Aufbau des Vorschubgetriebes.

c) Nachrechnung der Drehzahlen.   Zunächst der Hauptantrieb:

		Istdrehzahl	Solldrehzahl	Fehler %
$n_{12} = 2900\,\dfrac{z_1}{z_2}$	$= 2900\,\dfrac{42}{58}$	$= 2100$	2100	0
$n_{11} = 2900\,\dfrac{z_3}{z_5}$	$= 2900\,\dfrac{30}{58}$	1500	1500	0
$n = 2900\,\dfrac{z_1}{z_2}$ ⎫ $\dfrac{z_6}{z_7}\cdot\dfrac{z_8}{z_9}$	$= 2900\,\dfrac{42}{58}$ ⎫ $\dfrac{28}{78}\cdot\dfrac{44}{62}$	535	530	$+1$
$n = 2900\,\dfrac{z_3}{z_5}$ ⎭	$= 2900\,\dfrac{30}{58}$ ⎭	381	375	$+1{,}6$
$n = 2900\,\dfrac{z_1}{z_2}$ ⎫ $\dfrac{z_6}{z_7}\cdot\dfrac{z_{10}}{z_{11}}$	$= 2900\,\dfrac{42}{58}$ ⎫ $\dfrac{28}{78}\cdot\dfrac{16}{90}$	134	132	$+1{,}5$
$n = 2900\,\dfrac{z_3}{z_5}$ ⎭	$= 2900\,\dfrac{30}{58}$ ⎭	95,8	95	$+0{,}8$

Die Fehler sind gering, liegen innerhalb der zulässigen Grenzen und vor allem sind die Istdrehzahlen immer etwas höher als die Solldrehzahlen.

Vorschubantrieb: Das Aufsuchen einer günstigen Zahnsumme wird zweckmäßig an Hand der nebenstehenden Aufstellung durchgeführt. Die kleinen Beizahlen geben die Abweichung (erste Stelle nach dem Komma) von der nächsten ganzen Zahl. Die bei der Teilung erhaltene gebrochene Zahl soll etwas kleiner sein als die aufgerundete ganze Zahl. Die günstigste Zahnsumme ist dann diejenige, bei der die Fehlersumme möglichst klein wird, und die Fehler gleichmäßig und negativ werden. Da hier Übersetzungen $u = 1$ verlangt werden,

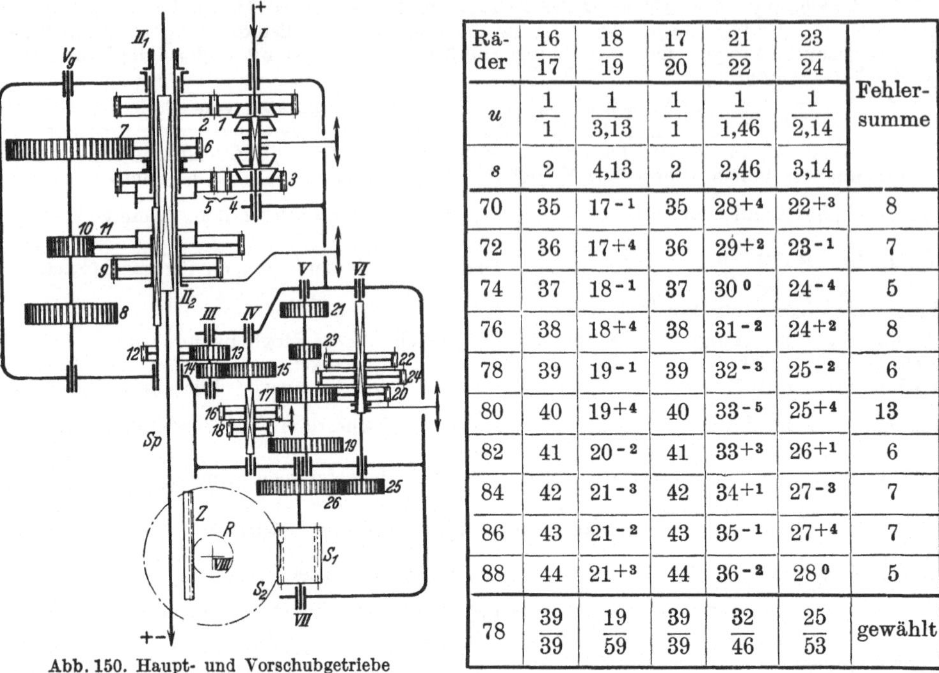

Abb. 150. Haupt- und Vorschubgetriebe einer Bohrmaschine.

Räder	$\frac{16}{17}$	$\frac{18}{19}$	$\frac{17}{20}$	$\frac{21}{22}$	$\frac{23}{24}$	Fehlersumme
u	$\frac{1}{1}$	$\frac{1}{3,13}$	$\frac{1}{1}$	$\frac{1}{1,46}$	$\frac{1}{2,14}$	
s	2	4,13	2	2,46	3,14	
70	35	17^{-1}	35	28^{+4}	22^{+3}	8
72	36	17^{+4}	36	29^{+2}	23^{-1}	7
74	37	18^{-1}	37	30^{0}	24^{-4}	5
76	38	18^{+4}	38	31^{-2}	24^{+2}	8
78	39	19^{-1}	39	32^{-3}	25^{-2}	6
80	40	19^{+4}	40	33^{-5}	25^{+4}	13
82	41	20^{-2}	41	33^{+3}	26^{+1}	6
84	42	21^{-3}	42	34^{+1}	27^{-3}	7
86	43	21^{-2}	43	35^{-1}	27^{+4}	7
88	44	21^{+3}	44	36^{-2}	28^{0}	5
78	$\frac{39}{39}$	$\frac{19}{59}$	$\frac{39}{39}$	$\frac{32}{46}$	$\frac{25}{53}$	gewählt

kommen nur gerade Zahlen für die Zahnsumme in Frage. Mit der gewählten Zahnsumme 78 wird dann die Nachrechnung durchgeführt. (Die Vorschübe errechnen sich aus z. B.

$$s_1 = n_{sp} \cdot \frac{z_{12}}{z_{13}} \cdot \frac{z_{14}}{z_{15}} \cdot \frac{z_{25}}{z_{26}} \cdot \frac{S_1}{S_2} \cdot d_{0R} \cdot \pi \cdot u = 1 \cdot u,$$ wenn u Übersetzung des Wechselgetriebes und $n_{sp} = 1$.)

				Istvorschub	Sollvorschub	Fehler %
$s_6 = 1 \left. \right\} \; \dfrac{z_{17}}{z_{20}} = 1$			$\left. \right\} \dfrac{39}{39}$	1,0	1,0	0
$s_5 = 1 \; \dfrac{z_{16}}{z_{17}} \cdot \dfrac{z_{21}}{z_{22}} = 1$			$\dfrac{39}{39} \cdot \dfrac{32}{46}$	$= 0{,}696$	0,69	$+1$
$s_4 = 1 \; \dfrac{z_{23}}{z_{24}} = 1$			$\dfrac{25}{53}$	$= 0{,}472$	0,47	$+0{,}5$
$s_3 = 1 \; \dfrac{z_{17}}{z_{20}} = 1$			$\dfrac{39}{39}$	$= 0{,}322$	0,32	$+0{,}7$
$s_2 = 1 \; \dfrac{z_{18}}{z_{19}} \cdot \dfrac{z_{21}}{z_{22}} = 1$			$\dfrac{19}{59} \cdot \dfrac{32}{46}$	$= 0{,}224$	0,22	$+1{,}8$
$s_1 = 1 \; \dfrac{z_{23}}{z_{24}} = 1$			$\dfrac{25}{53}$	$= 0{,}152$	0,15	$+1{,}3$

Auch diese Fehler liegen innerhalb der zulässigen Grenzen.

Buchdruckerei Otto Regel G. m. b. H., Leipzig.